危险化学品环境污染事故风险评估方法研究

许兰娟　著

中国矿业大学出版社

图书在版编目(CIP)数据

危险化学品环境污染事故风险评估方法研究 / 许兰娟著. —徐州 ：中国矿业大学出版社，2018.11

ISBN 978-7-5646-4256-3

Ⅰ. ①危… Ⅱ. ①许… Ⅲ. ①化工产品－危险品－环境污染事故－风险评价－研究 Ⅳ. ①X507

中国版本图书馆 CIP 数据核字(2018)第 272731 号

书　　名　危险化学品环境污染事故风险评估方法研究
著　　者　许兰娟
责任编辑　夏　然　章　毅
出版发行　中国矿业大学出版社有限责任公司
　　　　　　(江苏省徐州市解放南路　邮编 221008)
营销热线　(0516)83884103　83885105
出版服务　(0516)83995789　83884920
网　　址　http://www.cumtp.com　**E-mail**:cumtpvip@cumtp.com
印　　刷　江苏凤凰数码印务有限公司
开　　本　787×960　1/16　**印张** 7　**字数** 151 千字
版次印次　2018 年 11 月第 1 版　2018 年 11 月第 1 次印刷
定　　价　32.00 元

目　　录

第1章　绪　　论

1.1　研究背景

根据《危险化学品安全管理条例》(国务院令第591号,2011年)的定义,危险化学品是指具有毒害、腐蚀、爆炸、燃烧、助燃等性质,对人体、设施、环境具有危害的剧毒化学品和其他化学品。我国是危险化学品生产、使用、进出口和消费大国。根据2017年9月国家安全生产监督管理总局发布的《危险化学品安全生产"十三五"规划》(安监总管三〔2017〕102号),截至2015年底,全国有危险化学品企业近29万家(其中生产企业1.8万家,经营企业26.5万家,储存企业0.55万家),从业人员近千万,陆上油气输送管道总里程超过12万公里。由于危险化学品具有易燃、易爆、有毒等固有危险特性,全世界范围内,在其生产、使用、储存、运输、经营和废弃等环节上,不断发生火灾、爆炸、中毒、窒息等事故,造成了重大的人员伤亡和财产损失。

1976年7月10日,位于意大利北部塞韦索市的伊克梅萨化工厂发生爆炸。爆炸导致包括化学反应原料、生成物以及二恶英杂质等在内约两吨化学物质泄漏。泄漏物扩散到周围地区,致使当地居民产生热疹、头痛、腹泻和呕吐等症状,许多飞禽和动物被污染致死。调查人员统计,这次爆炸事故最终的污染范围涉及塞韦索、梅达、地赛欧等7个城市,受影响居民达到12万人。

1984年12月3日凌晨,印度中央邦首府博帕尔市的美国联合碳化物属下的联合碳化物(印度)有限公司设于贫民区附近的一所农药厂发生剧毒化学品异氰酸甲酯(MIC)泄漏事故,共造成6 495人直接死亡,12.5万人中毒,20余万人永久残疾。在整个人类历史上,博帕尔事件被公认是"十大人为环境灾害"之首。2009年进行的一项环境检测显示,在当年爆炸工厂的周围依然有明显的化学残留物,这些有毒物质污染了地下水和土壤,导致至今当地居民的患癌率及儿童夭折率仍然因这场灾难而远高于其他印度城市。

2010年4月20日,英国石油公司在美国墨西哥湾租用的钻井平台"深水地平线"发生爆炸,事故导致7人重伤11人死亡,大量原油泄漏。据美国政府估计,该起事故中泄漏的原油总量在1 970万加仑到4 300万加仑之间。受漏油事件影响,墨西哥湾沿岸的路易斯安那州、亚拉巴马州、佛罗里达州以及密西西比州等多个地区的生态环境受到严重影响，该水域约14种生物表现出各种由于石油影响而产生的病症。

近年来，我国由危险化学品所导致的环境污染事故也不断发生。如2004年4月重庆天原化工总厂液氯储罐爆炸事故，造成9人死亡，3人受伤，附近15万人被迫紧急疏散；2005年11月13日，中石油吉林石化公司双苯厂爆炸事故，共造成8人死亡，60人受伤，附近数万人紧急疏散，松花江受到严重污染，下游哈尔滨市停水四天；2010年7月16日，大连中石油国际储运有限公司原油罐区输油管道爆炸事故，造成原油大量泄漏并引起火灾，周边海域受到严重污染；2012年12月31日，山西长治市潞城市山西天脊煤化工集团股份有限公司发生苯胺泄漏事故，造成8.7吨苯胺排入浊漳河，导致下游河北邯郸市区从1月5日下午起紧急大面积停水，河南安阳市供水也受到影响。

综上所述，危险化学品事故不仅会导致重大的人员伤亡和财产损失，还可能造成周边水体、大气、土壤等污染，进而危害到动物、植物和居民的安全和健康。因此，必须从源头入手，防患于未然，采用技术、管理等多种手段有效预防危险化学品环境污染事故的发生。

风险评估(Risk Assessment)是指在危险辨识的基础上，确定事故或危险发生的频率及可能造成的后果，从而将事故风险量化的过程。对危险化学品环境污染事故风险进行评估，可以在事故发生前判定事故风险是否低于可接受的风险值，进而根据风险的可接受程度来校核现有防护措施，提出降低、消除或转移风险的对策，从而达到预防事故发生的目的。

1.2 常用风险评估方法

风险评估最早起源于20世纪50年代的保险行业，发展至今，国内外提出的风险评估方法不下几十种，各种方法适于特定场合，具有不同特点。常用的安全评价方法如表1-1所示。

表1-1　常用的安全评价方法

名称	目的	适用范围	效果
安全检查表(Check List)	检查系统是否符合标准要求	适用各个阶段	对危险定性辨识，使系统与标准一致
预先危险分析(PHA)	分析原材料、工艺、设备设施及能量失控时的危险性	开发、设计阶段	定性分析，得出供设计考虑的危险性

续表 1-1

名称	目的	适用范围	效果
故障类型和影响分析（FMEA）	辨识设备和机器故障造成的事故后果	设计阶段	定性或定量，找出故障类型对系统的影响
事故树分析（FTA）	找出事故发生的基本原因及其组合	设计、操作阶段、事故调查阶段	定性或定量，查明系统内固有的和潜在的危险因素
事件树分析（ETA）	辨识初始事件发展成为事故的过程和可能造成的后果	设计和操作阶段	定性或定量，推测类似事故的预防对策
危险与可操作性研究（HAZOP）	辨识工艺过程偏离设计意图所导致的后果	生产过程的各个阶段	定性分析，并能发现新危险性
故障假设分析（What－if）	分析某种故障可能导致的后果及已有安全防护措施	生产过程的各个阶段	定性分析，发现系统中潜在的事故隐患
作业条件危险性评价（LEC）	确定作业环境的危险性	设计和操作阶段	定量分析，划分作业场所的危险性等级
风险矩阵（LS）	定性分析事故可能性和严重度，确定危险等级	生产过程的各个阶段	定性，判断事故风险是否处于可接受区域
指数评价法（道化、蒙德等）	对系统、子系统进行危险度分析	设计和操作阶段	定性定量，确定工厂、车间工艺、单元危险度等级
数学模型计算	计算出火灾、爆炸、中毒事故可能的伤害范围	设计和操作阶段	定量分析，可算出人员伤害和财产损失的范围

其中，危险与可操作性研究（HAZOP）是化工和危险化学品领域应用最为广泛的风险评估方法之一。

美国职业安全与健康管理局（Occupational Safety and Health Administration，OSHA）为过程安全管理颁布的标准中将 HAZOP 作为推荐方法之一，世界卫生组织（World Health Organization，WHO）和国际劳工组织（International Labor organization，ILO）提出的三步骤危险评估方法中，第一步和第二步（危险识别和事故后果评估）都采用了 HAZOP 技术。

我国国家安全监管总局《关于加强化工过程安全管理的指导意见》（安监总管三〔2013〕88 号）中指出，企业要制定化工过程风险管理制度，明确风险辨识范围、方法、频次和责任人，规定风险分析结果应用和改进措施落实的要求，对生产全过程进行风险辨识分析。对涉及重点监管危险化学品、重点监管危险化工工艺和危险化学品重大危险源（简称“两重点一重大”）的生产储存装置进行风险辨识分析，要采用危险与可操作性分析（HAZOP）技术，一般每3年进行一次。对其他生产储存装置的风险辨识分析，针对装置不同的复杂程度，选用安全检查表、工作危害分析、预先危险性分析、故障类型和影响分析（FMEA）、HAZOP技术等方法或多种方法组合，可每5年进行一次。

本文主要针对危险与可操作性研究方法及其在危险化学品环境污染事故风险评估中的应用开展研究。

1.3 HAZOP分析概述

1.3.1 HAZOP分析基本原理

危险与可操作性研究（Hazard and Operability Studies，HAZOP）是查明生产装置和工艺过程中工艺参数及操作控制中可能出现的偏差，针对这些偏差，找出原因，分析后果，提出对策的一种分析方法。

该法是1974年由英国帝国化学工业集团（ICI）开发出来的，主要用于工程项目设计审查阶段查明潜在危险性和操作难点，以便制定对策加以控制。化工生产中，工艺参数的控制是非常重要的，因此这种方法特别适用于装置设计审查和运行过程中危险性分析。国际电工委员会（IEC）于2001年颁布了《危险与可操作性分析（HAZOP分析）应用指南》（IEC 61882）。目前，该方法的应用范围已经从化工、石油、石化等行业逐渐扩展到机械、核电、航空航天等多个领域，在欧美国家得到普遍推广应用。

HAZOP分析方法的本质就是通过系列的分析会议对工艺图纸和操作规程进行分析。在这个过程中，由各专业人员组成的分析组按照规定的方式系统的分析偏离设计工艺条件的偏差。ICI对HAZOP分析的最初定义是：HAZOP分析是各专业人员组成的分析组对工艺过程的危险和操作性问题进行分析，这些问题实际上是一系列的“偏差”——偏离设计工艺条件。其理论依据就是“工艺流程的状态参数（如温度、压力、流量等）一旦与设计规定的基准状态发生偏离，就会发生问题或出现危险”。

HAZOP分析对工艺或操作的特殊点进行分析，这些特殊的点称为“分析节点”，或工艺单元，或操作步骤。HAZOP分析组分析每个工艺单元或操作步骤，识别出那些具有潜在危险的偏差，这些偏差通过引导词（也称为关键词）引出。使用引导词的一个目的就是为了保证对所有工艺参数的偏差都进行分析。表1-2列出了HAZOP分析常用的引导词及其含义。

表 1-2　　HAZOP 分析常用的引导词

引导词	含义	过程工业举例
NO 或者 NOT	设计目的的完全否定	无流量，温度、压力无显示等
MORE	定量增加	温度、压力、流量高于设计值
LESS	定量减少	温度、压力、流量低于设计值
AS WELL AS	有多余事件发生	有另外组分在流动，或液体发生沸腾等相变
PART OF	只完成规定要求的部分	应输送两种组分，却只输送一种
REVERSE	设计目的的逻辑取反	管道中的物料反向流动以及逆化学反应
OTHER THAN	完全替代	原始的目的没有实现，而达到了完全不同的结果。例如：输送了错误物料
EARLY(早于)	早于期望的发生时间	某操作早于时钟时间发生
LATE(晚于)	晚于期望的发生时间	某操作晚于时钟时间发生
BEFORE(先)	提前于期望的发生顺序	A 操作先于 B 操作发生
AFTER(后)	落后于期望的发生顺序	A 操作在 B 操作之后发生

选择一个参数，逐一与上述引导词组合，就形成了偏差。以常见的流量、温度、压力为例，与表 1-2 中的引导词组合，形成的偏差如表 1-3 所示。

表 1-3　　HAZOP 分析工艺参数、引导词及偏差

工艺参数	引导词	偏差
流量	more	高流量
	less	低流量
	no	无流量
	reverse	逆流
压力	more	压力高
	less	压力低
温度	more	温度高
	less	温度低

1.3.2　HAZOP 分析实施流程

HAZOP 分析一般由 4～8 人的工作小组完成，该小组成员由小组领导、秘书、工艺设计工程师、控制工程师、操作专家、项目工程师等组成。

人工 HAZOP 是一种定性的、结构化的头脑风暴式的评价方法。该方法将

所研究的过程根据设计目的分为多个逻辑上可管理的部件(或节点)。对于每一个部件的设计参数,使其偏离设计指标,对于这种偏差进行潜在原因、后果分析。在这过程中,设备故障、人为失误、工程或管理控制以及外部事件都将列入考虑范围。

一般而言,HAZOP分析按以下四个步骤进行:

步骤一:确定任务。

由相关领导部门下达HAZOP分析任务;确定HAZOP分析的范围和目标;挑选并任命评价小组组长及成员;确定各自的职责。

分析的目的、对象和范围必须尽可能明确。分析对象通常是由装置或项目的负责人确定的,并得到HAZOP分析组的组织者的帮助。应当按照正确的方向和既定目标开展分析工作,而且要确定应当考虑到哪些危险后果。例如,如果要求HAZOP分析确定装置建在什么地方才能使对公众安全的影响减到最小,这种情况下,HAZOP分析应着重分析偏差所造成的后果对装置界区外部的影响。

危险分析组的组织者应当负责组成有适当人数且有经验的HAZOP分析组。HAZOP分析组最少由4人组成,包括组织者、记录员、两名熟悉过程设计和操作的人员。虽然对简单、危险情况较少的过程而言,规模较小的分析组可能更有效率,但5～7人的分析组是比较理想的。如果分析组规模太小,则由于参加人员的知识和经验的限制将可能得不到高质量的分析结果。

步骤二:分析准备。

做出分析计划;搜集相关技术资料和数据;商定分析记录的形式;预估分析时间;安排分析日程表。

最重要的资料就是各种图纸,包括PID图、PFD图、布置图等,此外,还包括操作规程,仪表控制图、逻辑图,计算机程序,有时还应提供装置手册和设备制造手册。重要的图纸和数据应当在分析会议之前分发到每位分析人员手中。

获得必要的资料后,需要将资料变成适当的表格并拟定分析顺序。此阶段所需时间与过程的类型有关。对连续过程,工作量最小。在分析会议之前使用已更新的图纸(如果对设计进行过修改)确定分析节点,每一位分析人员在会议上都应有这些图纸。

步骤三:检查分析。

HAZOP分析需要将工艺图或操作程序划分为分析节点或操作步骤,然后用引导词找出过程的危险。图1-1是元素优先的HAZOP分析方法流程图。分析组对每个节点或操作步骤使用引导词进行分析,得到一系列的结果:偏差的原因、后果、保护装置、建议措施。

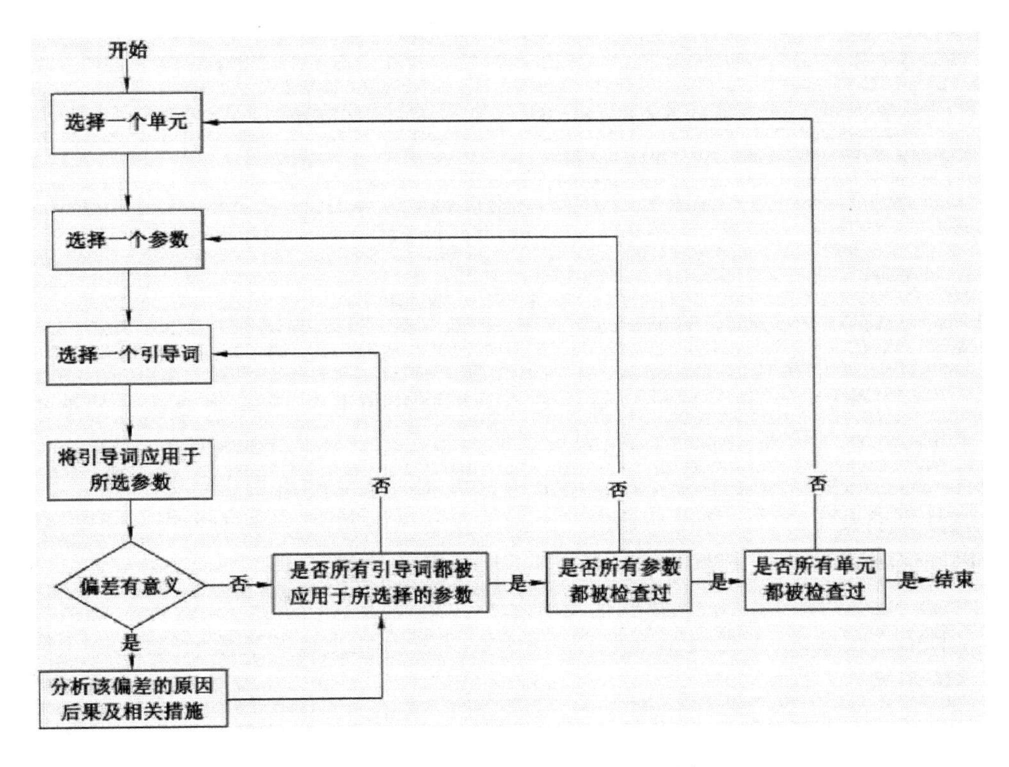

图 1-1　元素优先的 HAZOP 流程图

HAZOP 分析涉及过程的各个方面，包括工艺、设备、仪表、控制、环境等，HAZOP 分析人员的知识及可获得的资料总是与 HAZOP 分析方法的要求有距离，因此，对某些具体问题可听取专家的意见，必要时对某些部分的分析可延期进行，在获得更多的资料后再进行分析。

步骤四：完成分析文件和后续措施。

记录检查分析的内容；签署有关文件；完成分析报告；提出整改措施；跟踪安全措施的执行情况；得到最终评价报告。

分析记录是 HAZOP 分析的一个重要组成部分，负责会议记录的人员应根据分析讨论过程提炼出恰当的结果，不可能把会议上说的每一句话都记录下来（也没这个必要），但是必须记录所有重要的意见。有些分析人员为了减少编制分析文件的精力，对那些不会产生严重后果的偏差不予深究或不写入文件中，但一定要慎重。也可举行分析报告审核会，让分析小组对最终报告进行审核和补充。表 1-4 是 HAZOP 分析记录表的一种常用形式。

表 1-4　　HAZOP 分析记录表

公司名称：			装置名称：			工艺单元：	
分析人员：			会议日期：			图纸号：	
分析节点或操作步骤说明，确定设计工艺指标							
序号	工艺参数	引导词	偏离	原因	后果	现有措施	建议措施

HAZOP 不是唯一的生产过程风险分析方法，它之所以被广泛使用是因为它具有一系列优点：

（1）能对工艺设计进行全面系统的分析研究和审查，分析审查的质量取决于审查小组的人员组成和素质、组长的能力和工艺安全文件的精确性。

（2）能对生产操作人员的操作错误及由此而产生的后果进行分析研究，对那些由于人为的操作错误导致的严重后果进行某些预测，并针对性地提出措施，以确保装置的生产安全。

（3）针对工艺设计中的潜在危险进行分析研究，HAZOP 可以有效地发现这种潜在危险，甚至更微小隐蔽又可导致从来没有发生过的事故的隐患，并采取措施消除。

（4）通过 HAZOP 的分析审查，排除了工艺装置在设计和操作中可能发生的突然停车、设备破坏、产品不合格以及爆炸、着火、中毒等恶性事故，从而提高装置的生产效率和经济效益。

（5）通过 HAZOP 的分析研究，可以使设计和操作人员更加全面深入地了解装置的性能，既完善了设计，保证了装置的生产安全，又能充实生产操作规程，提高操作人员的培训质量。

传统的 HAZOP 分析以人工头脑风暴的方式进行。由于人脑思维的局限性和有限的推理能力，导致这一系统方法只能针对系统的局部进行，无法有效地针对大型系统全流程中存在的系统安全问题进行分析。另外，复杂系统中各种安全隐患的数目众多，与系统构成的事故状态数量也极为庞大。人工 HAZOP 评价很难保证结论的完备性。

在美国，一个典型的 HAZOP 分析需要花费 1 至 8 周时间完成，每周费用在 13 000～25 000 美元之间。据美国 OSHA 要求，美国大约有 25 000 个化工企业需要进行流程工业危险（安全）分析，每一轮化学工业进行流程工业危险（安全）分析及相关工作的花费约为 50 亿美元，占销售额的 1%和利润的 10%左右。因此，高时耗、高成本也成为制约人工 HAZOP 分析在相关行业推广应用的重要因素之一。为提高 HAZOP 分析效率，降低分析费用，同时避免分析结果受人员知识经验或主观因素的影响，很多学者对计算机辅助 HAZOP 分析方法展开了研究。

1.3.3 计算机辅助 HAZOP 分析研究现状

计算机辅助 HAZOP 分析与纯人工的 HAZOP 分析相比主要有以下几个方面的优点：

(1) 完备性。人工 HAZOP 分析容易忽略故障，而由设备单元模型组建的系统模型时经多位专家建立，且又在应用中反复完善，所以分析结果比人工 HAZOP 更完备。

(2) 系统性。特别是对于复杂的系统，人工口头讨论的方式容易产生概念性的混乱，计算机辅助 HAZOP 分析很少出现此类问题。

(3) 推理深度。人工分析只能考虑与偏离点相邻的设备单元的非正常原因和不利后果，即使是有经验的专家，也只能分析到与偏离点相近的几个设备单元的非正常原因和不利后果。而计算机向后可追溯到工艺过程的起始单元，也可以向前推到末端设备单元。

(4) 节省时间、人工和费用。人工 HAZOP 分析费时、费力、成本高；而计算机辅助分析则省时、省力，且成本低。

(5) 计算机辅助对分析结果的表达比人工分析标准化程度更高，条理更清晰，而且特别方便于日后查看。

从 20 世纪 80 年代末开始就有学者对计算机辅助 HAZOP 分析方法进行了研究，目前的计算机辅助 HAZOP 分析方法主要分为三大类：

(1) 计算机辅助文字处理软件

早期的计算机辅助 HAZOP 分析主要采用计算机软件引导分析过程，采用“模板”方式帮助分析人员管理节点、偏差、措施等信息，并根据分析人员录入的信息生成规范化的 HAZOP 报表。此类辅助分析软件中比较有代表性的有 PHA－Pro、Hazard Review LEADER、PHA Works 等，此类软件的核心与人工 HAZOP 分析并无本质区别，对原因、后果的分析仍以人为主，只是采用软件引导分析人员，使分析过程和分析结果更加规范。采用这类软件辅助进行 HAZOP 分析，虽然可以在一定程度上减轻分析人员的工作量，提高分析效率，但仍然无法避免由于人员的知识经验或主观因素所导致的疏漏或错误等问题，无法从根本上提高 HAZOP 分析的质量。

(2) 基于知识/经验的计算机辅助 HAZOP 分析

基于知识/经验的计算机辅助 HAZOP 分析是指将知识经验或人工 HAZOP 分析结果以“专家规则”的形式存储在知识库中，用于帮助分析人员自动分析偏差的原因、后果、措施等。

1987 年,Parmar 和 Lees 采用基于规则的方法进行自动 HAZOP,并用于一个水分离系统的危险识别。他们将单元过程中故障传播的知识表达为定性传播方程,把工厂 PID 图分解为由管道、泵、阀门所组成的“线”(line),其中有过程物流通过。控制回路由变送器、控制器和控制阀组成。流程中的旁路表达成一个独立的过程单元。HAZOP 分析,是在一个“线”中的某一个过程变量的偏离作为开始点。非正常原因采用搜索初始事件得到;不利后果采用搜索终点(端)事件得到。

1990 年,Karvonen、Heino 和 Suokas 在 KEE“专家系统”外壳上开发了一种基于规则的“专家系统”原型 HAZOPEX 软件。HAZOPEX 的知识库中具有过程系统的结构和搜索原因及后果的“规则”。

用于搜索潜在原因的规则有如下形式:

“IF 偏离类型 AND 过程结构/条件 THEN 潜在原因”

HAZOPEX 曾用于分析合成氨系统的一小部分,所建立的规则有 350 条。当过程单元增加时,规则的数量也相应增加,因此限制了该系统的通用性。

1997 年 Suh、Lee 等人开发了一个基于知识的专家系统,该系统由三个知识库组成:单元知识库、组织型知识库和物料知识库,有三种危险分析算法:偏离、误动作和事故分析算法。对于管道、阀门、换热器、储罐、混合器、控制阀和泵等知识库中存在的单元,能自动进行 HAZOP 分析。

基于知识/经验的计算机辅助 HAZOP 分析方法模拟人工 HAZOP 分析过程,知识库相当于人的大脑,通过预先将知识/经验储存在知识库中,对于指定过程,可以自动完成偏差的确定及原因、后果分析,从而大大缩短了分析时间,并在一定程度上提高了 HAZOP 分析质量。此类方法的缺点也与人工 HAZOP 分析类似,即分析结果的可靠性、完备性完全取决于知识库的质量,对于知识库中未存储的单元、偏差、原因、后果等内容无法进行有效辨识和分析。

(3) 基于模型的计算机辅助 HAZOP 分析

基于模型的计算机辅助 HAZOP 分析方法的主要特点是通过模型来表达过程、系统或单元的基本特性。在进行 HAZOP 分析时,首先建立系统的模型,然后利用自动推理算法寻找导致偏差的可能原因及偏差所导致的可能后果。

1997 年,Dimitradis、Shah 和 Pantelides 提出了一种基于定量模型混合方法用于过程安全验证。在他们的方法中,采用了状态传递网络来表达混合特性。安全验证要求该软件系统能识别可能导致危险的干扰模式。数学形式的结果为一种混合的积分最优问题。可见,对于工业规模的问题,该最优问题的解可能难于得出,特别是当系统模型中存在强非线性时。此外,即使当该数学程序的解指示对于时间域而言系统是安全的,当存在局部最优时,也不能保证没有危险发生。

1999 年，Turk 提出一个程序用于综合非时域的离散模型，该模型可获取给定的化工过程序贯现象和连续的动态关系。所提出的程序集中在基于给定说明辅助下的离散模型的建构方面。“说明”用于识别化工过程中相关的原因路径。本程序沿着这些原因路径反向搜索，以便建构状态变量的传递关系，包括物理系统、控制系统、操作顺序和操作特性。这样，提出的程序建构了一个离散模型，用于验证化工过程的安全和可操作性问题。

1996～2000 年，美国普渡大学 V. Venkatasubramanian 教授领导的过程系统研究室成功地将符号有向图(Signed Directed Graph，SDG)模型应用于计算机辅助 HAZOP 分析，并开发完成了基于模型的智能化 HAZOP 分析软件 HAZOP Expert。SDG 模型既能很好地表达系统中潜在的故障及故障传播演变的途径，又避免了纯定量模型对物性数据、设备结构数据和现场动态特性数据的强依赖性，分析过程不但效率高、速度快，而且分析结论的完备性更好。因此，基于 SDG 模型的计算机辅助 HAZOP 分析方法是目前安全领域研究的热点之一。

1.4 主要研究内容及技术路线

本文以 SDG-HAZOP 方法为基础，研究适用于危险化学品环境污染事故的风险评估方法，通过案例分析验证方法的可行性和有效性，并根据风险评估结果，提出针对危险化学品环境污染事故的预防控制和应急处置措施。研究技术路线如图 1-2 所示。

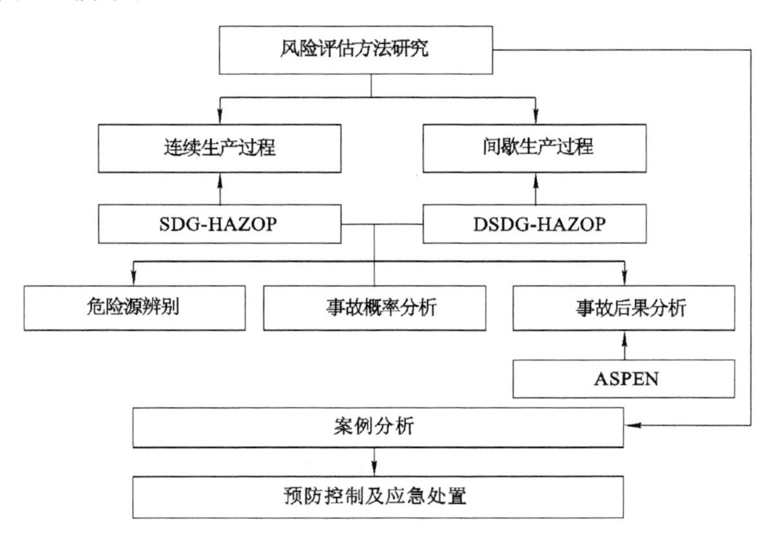

图 1-2 技术路线

第2章 连续生产过程HAZOP分析方法

在连续生产过程中，生产操作各环节连续、同时进行，不间断地生产、输出产品，整个生产过程稳定性较高，大多数工艺参数不随时间变化。因此，连续生产过程的工艺参数一旦偏离其设计值，就可以爆发危险或导致事故，这与HAZOP分析的原理完全一致。因此，可使用HAZOP分析方法对于连续生产过程进行风险评估，并用SDG技术对过程进行建模，以实现计算机辅助HAZOP分析。

2.1 SDG技术

2.1.1 符号有向图SDG

符号有向图是在有向图的基础上，对节点与支路进行进一步的符号定义所形成的图，称之为SDG图(Signed Directed Graph)，其本质是通过对SDG图中节点和支路进行符号化的定义，使节点和支路能够代表实际物理意义，用于表达复杂的因果关系，并且包容大规模潜在的信息。

现有的SDG图在化工安全分析的应用中，多用于描述复杂化工系统变量之间的因果关系，将节点映射到某一物理量；用支路来映射该物理量与其他相关变量之间的关系。通过这种描述，将一个复杂系统中的各个变量之间的影响关系用有向图的方式记录下来，称之为SDG模型。

在人工智能领域，将SDG模型称为深层知识模型(Deep Knowledge Based Model)。同时，运用SDG模型揭示复杂系统的变量间内在因果关系及影响属于定性仿真的一个重要分支，因此SDG模型又称为定性模型(Qualitative Model)。

图2-1为一个简单的离心泵液位系统。该系统由一个开口容器、一台离心泵、一个调节阀(V1)、一个手动阀(V2)和若干管道组成。其中，容器的液位由一个单回路控制器(LIC)控制，LS是液位变送器，上游入口流量为F1，下游出口流量为F2，离心泵出口压力为p。

图2-2是该系统SDG模型的一种表达。图中的节点表示过程系统中的物理变量，如流量、液位、温度、压力和组成等。还包括操作变量，如阀门、开关等，以及相关的仪表，如控制器、变送器等。

SDG看似简单，却能够表达复杂的因果关系，并且具有包容大规模潜在信

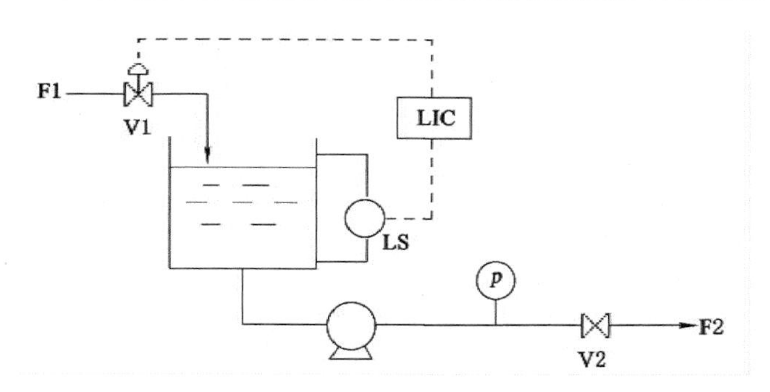

图 2-1　离心泵液位系统流程图

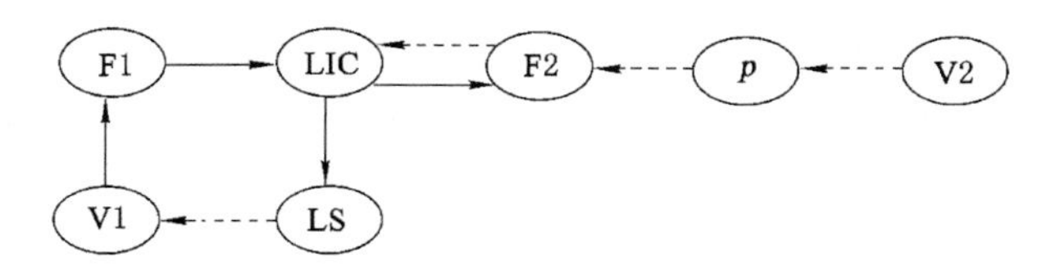

图 2-2　离心泵液位系统 SDG 模型

息的能力。以图 2-2 所表示的 SDG 为例，令图中的每一个节点都表示一个物理变量，并且都可能取“＋”、“－”、“0”三种状态中的一种，其中某个节点取“＋”值表示该物理变量超过了允许的上限，取“－”值表示低于允许的下限，取“0”表示变量处于正常范围，这种模型称为三级 SDG 模型。那么图 2-2 的 SDG 所表达的所有节点可能取得不同状态的组合，又称为样本数，为 $3^7=2\ 187$ 个。

SDG 中节点之间的有向支路表示节点之间的定性影响关系。箭头上游节点称为初始节点，下游节点称为终止节点。如果初始节点增加(或减少)影响到下游节点也增加(或减少)，则支路影响称为增量影响，用“＋”符号表示，在 SDG 图中用实线箭头相连。若两相邻节点的影响使终止节点取初始节点相反的符号，则称为减量影响，用“－”符号表示，在 SDG 中用虚线箭头相连。

三级 SDG 模型能够定性地表达各节点的值如果偏离了正常值，相应于所有的样本，这些偏离将会在系统中如何传播的所有可能的路径。对于一个瞬时样本，在 SDG 中可以搜索到已经发生偏离的节点及支路传播路径。这种路径由方向一致且已经产生影响的若干支路形成的通路构成，又称为故障传播路径(Fault Propagation Pathway)或相容通路(Consistent Path)。相容通路是能够传播故障信息的通路。

2.1.2　SDG 推理机制

SDG 推理是完备的且不得重复的在 SDG 模型中搜索(穷举)所有的相容通

路。这一过程又称为SDG定性仿真。搜索任务是通过推理引擎自动完成的。高效、准确、超实时的推理引擎是SDG定性仿真的核心与关键。对于大系统SDG模型,为了提高效率,应当采用分级或分布式推理策略。

SDG推理的前提既可以是SDG所有节点的状态未知,也可以是SDG所有节点的状态已知。SDG所有节点的状态未知属于评价模式。SDG所有节点的状态已知属于故障诊断模式。

在SDG模型的推理过程中,从选定的节点向目标节点探索可能的、完备的且独立的相容通路。每一个节点都要对所有的其他节点作一次全面探索,并且在探索中对通路经过的节点作相容性标记。最后探索到当前SDG模型中所有可能的且独立的相容通路。

SDG的推理机制主要有两种:正向推理和反向推理。正向推理是顺着节点间支路箭头的方向搜索相容通路;反向推理是逆着节点间支路箭头的方向搜索相容通路。在实际应用中,正、反向两种推理可以联合使用。

2.1.3 SDG与HAZOP方法的关系

过程安全分析方法体现了人类认识客观事物的规律。主要有两类方法,第一类是识别故障和原因,第二类是在识别的基础上分析故障与原因之间的关系,主要有归纳法和演绎法。

归纳法是从个别事件中总结出一般性结论的方法。即对所分析的系统在已经识别出的非正常原因和不利后果的前提下,首先假定一个故障源,然后设法找出该故障源对系统正常运行的不利影响。直到把此类关系全部找出。

演绎法的机制和归纳法相反,是从一般到个别的方法。本方法对所分析的系统在已经识别出的不利后果的前提下,首先假定已经出现的一个不利后果,然后设法找出是哪一个部件(原因)导致了本不利后果(故障)。直到把此类关系全部找出。

进一步研究发现,无论是归纳法还是演绎法,都采用了一种更基本的、具有共性的方法,即推理。推理是设法找出非正常原因与不利后果之间的关系及故障在系统中传播的途径。

安全分析的推理机制有三种,第一种是从非正常原因出发向不利后果进行完备的搜索,找出由该原因所导致的后果及故障传播的路径,又称为正向推理;第二种是从不利后果出发,反向进行完备的搜索,设法找出是哪些原因引起了该后果,以及可能的故障传播路径,又称为反向推理。第三种是从中间的状态或部件出发,如果发生了偏离,正向搜索不利后果,反向搜索非正常原因,称为双向推理。例如,故障类型与影响分析法属于正向推理,故障树分析和各种故障诊断方法属于反向推理,HAZOP方法属于双向推理。

从以上的分析可以看出，SDG 的正、反向推理过程和 HAZOP 的分析机制完全相同。SDG 的相容通路是 HAZOP 的分析结论和标准的故障解释描述，SDG 的双向推理能保证 HAZOP 分析的完备性。通过对过程建立 SDG 模型，根据 HAZOP 分析机制，对模型中关键的节点进行拉偏，然后利用图论的各种搜索算法，进行推理，从而可以快速地实现 HAZOP 的计算机辅助分析。

2.2　基于 SDG 的计算机辅助 HAZOP 分析

2.2.1　基于 SDG 的 HAZOP 分析原理

基于 SDG 的 HAZOP 方法从系统的机制入手，以分析复杂系统内部变量之间的关系及这种关系在危险发生时的传递作用为基础进行，特别适用于大型复杂过程工业的安全分析。

目前的人工 HAZOP 方法主要以先导词法为主。从方法本身我们可以看出，HAZOP 是通过对关键变量的偏差，来寻找该偏差导致的所有不利后果以及所有导致该偏差的非正常原因。这是整个 HAZOP 方法最为关键的步骤。而这一步骤与 SDG 方法有着天然的联系，因此，在人工 HAZOP 方法的基础上，提出利用 SDG 模型及基于图论的推理方法，进行计算机自动 HAZOP 分析。

因为过程系统内的变量都存在直接或间接的关联关系，某个过程变量的非正常原因除了导致该变量发生偏差外，一定会沿着这种变量间的关系，传递到其他的节点，引起它们的偏差。如果在这条传递链中，某一变量节点存在不利后果的话，就会引发这些后果，造成事故。从这整个传递过程中可以看到，某个节点的非正常原因，通常会由于这种传递作用，导致系统远端节点的不利后果（即事故）发生。这种推理的数目庞大，而且深度有可能很长。人工 HAZOP 在通过专家讨论时就要识别这种危险的传播，但是靠人脑很难进行长距离的推理，而且在推理数目众多的情况下还容易因疲劳而出错。利用 SDG 进行计算机自动 HAZOP 就是要解决以上问题。

2.2.2　基于 SDG 的 HAZOP 分析方法

在三级 SDG 模型图中，参数节点代表石化工业中的过程变量，而支路代表与它相连的两个变量存在影响关系，并且关系的方向与箭头所指方向一致。支路的线型代表了影响关系的类型。如果两个变量之间是增量关系，则用实线表示，如果是减量关系，则用虚线表示。例如，某冷凝器的液位受多个变量影响，其中冷凝器的出口流量对液位的影响是减量关系，即冷凝器出口流量增加会导致冷凝器液位降低，则这两个变量之间影响关系的 SDG 图可如图 2-3 所示。

图 2-3　两个变量之间影响关系的 SDG 图

当整个流程的 SDG 模型图建好后，该流程的变量结构以及变量间的影响关系就都包含在这个模型中。由于这个模型是基于流程的机理而创建的，所以 SDG 模型属于一种深层知识模型。

为了进行安全分析，必须将非正常原因与不利后果的信息添加入 SDG 模型中。因此，引入两个新的节点，一个是非正常原因节点，另一个是不利后果节点。它们在 SDG 图上以矩形表示，非正常原因节点在矩形的左上角显示“R”，代表原因（Reason），而不利后果节点在矩形的右上角显示“C”，代表后果（Consequence），如图 2-4 所示。

图 2-4　带有非正常原因节点和不利后果节点的 SDG 图

正如这两个节点的名称表示的那样，非正常原因节点（简称原因节点）专用于管理会导致危险的原因，比如阀门误开大、管道阻塞等。不利后果节点（简称后果节点）专用于管理系统产生的后果，比如泄漏、爆炸等。

原因节点与后果节点单独存在时，没有任何物理意义。当它们与某一个过程变量相连时，就代表了该变量的非正常原因与不利后果的清单。由于原因节点保存了导致危险的原因列表，所以它与过程变量相连时，方向必须是从原因节点指向过程变量节点。同理，后果节点与过程变量相连时，方向必须是过程变量节点指向后果节点。

SDG 模型建立完成后，接下来的工作就是用一种适当的方法在这类模型中进行推理，以寻找非正常原因与不利后果。

需要说明的是，基于 SDG 模型的 HAZOP 方法目的并不是完全替代人工 HAZOP。因为专家的经验确实仍然发挥着不可替代的作用。当前的 SDG－HAZOP 方法，主要解决人工 HAZOP 中费时最长，同时也是最困难的潜在危险的辨识。而且，对潜在危险的辨识目前仅局限于由关键变量的偏差引起的潜在危险，因为这类危险是最常见的危险。也就是说，SDG－HAZOP 要解决的问题是寻找在复杂系统中，所有因为某些关键变量偏离了设计时的正常范围，而导致的所有可能的后果，以及存在哪些非正常的原因会导致这种后果的产生。

在进行 SDG 推理时，具体的做法有两种：

(1)基于中间变量偏离的双向推理

根据所研究系统中变量的重要性，挑出几个关键的变量作为原始偏离点，即假设在整个体系处于正常工况时，该变量由于某种原因(如误操作)偏离了正常工况。根据这个偏离，推理过程分为两个方向。一个方向是从该原始偏离点开始正向沿支路箭头所指方向进行，另一个方向是以该原始偏离点开始逆着支路的方向进行。正向推理的目标是找到由原始偏离点的偏差所导致的所有不利后果(包括事故)，而反向推理的目标是找到系统中能够导致我们设定的这个原始偏离点偏差的所有非正常原因(包括误操作、设备失效等)。

这种方案与人工 HAZOP 评价的推理过程完全相同。这个方案最大的缺点就是会导致大量的冗余通路出现。从数学模型上来看，过程系统是以若干个关键变量相连而成，围绕着这几个关键变量，大量的与之相关的其他变量连接到这几个关键变量上，呈高聚集态网络形式。如果把连接这几个关键变量的支路比喻为“主干线”，那么按这种方案进行 HAZOP 分析，实际上是罗列了所有非正常原因与不利后果的排列组合，且危险传播的相容通路绝大部分通过“主干线”。这种方法只是对原因与后果对的全排列，分析所得到的结果，不仅后处理麻烦，而且所费机时相当大。尤其是当处理由多个工艺单元组成的全流程安全分析时，该问题更为突出。

(2) 基于后果节点的单向推理——主危险分析法

主危险分析法，即 MHA(Major Hazard Analysis)。MHA 仅针对有重大潜在危险的后果节点作为推理的开端，反向查找所有会导致这些危险的非正常原因。通过挑选与后果节点直接相连的变量节点作为原始偏离点，而不是从相容通路的中间节点开始查找，是因为这些节点对整个系统的安全与否起到决定作用。虽然其他的节点也会对系统造成影响，但这种影响不足以造成令人担忧的后果。所以将问题集中在关键变量上，可以使得问题的求解过程更加明确。所得到的结论都是比较重要的危险传播，大量次要的偏离传播已经被方法本身所消除了。所以对结论的处理也比较容易。此外，这种方案使得 SDG 的推理时间大大减少，意味着可以在现有的硬件水平上处理更复杂的系统。

2.3　SDG－HAZOP 建模

2.3.1　工艺流程剖析

过程工业的生产装置，往往是由一系列单元操作设备通过管道而组合成复杂系统。原料通过一定工艺流程输出最终产品，它们具有连续运行的特征和工艺、设备、控制、操作、管理等多方面的共同规律，也是易燃、易爆、有毒和易发生事故的工业系统。

在过程工业中，各个设备装置或过程变量都是通过物质流、能量流和信息流进行相互的传递与影响，从而形成一张错综复杂的影响关系网络。从系统的角度来看，当某一设备中的变量由于非正常事件，如人为失误、物料变化、设备失效等，造成偏离正常范围，即产生了事故源。由于各个变量之间的影响关系，这种偏差将沿着物料、能量和信息三种通道蔓延与传播。当偏差在设备网络中，遇到薄弱环节，即发生能量或物质超出允许的范围时，产生不利后果事故。

通过对过程工业特点与结构的分析，一般可以将典型的工艺流程抽象为由各类塔、罐、槽、器等容器类单元和管道相连而成的结构，图 2-5 示意了这种结构。

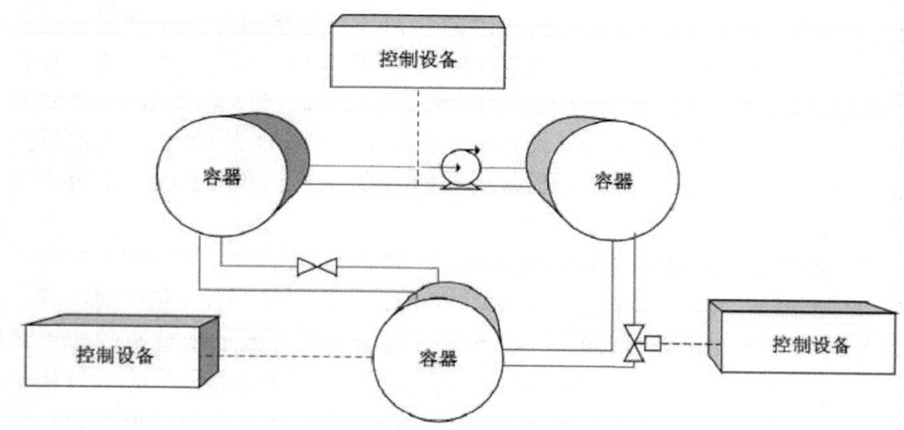

图 2-5　典型工艺流程示意图

图中圆形罐状代表各类单元设备，粗线代表各类管道。设备与管道是过程工业中物质流与能量流的主要容器与传输通道。方块代表各类对系统产生作用的手动或自动设备，如控制器、连锁等。它们通过执行机构作用于系统。由于这类设备带有一定的智能，是系统中信息流的主要传输通道。

针对这种结构，可以把由单元设备与管道组成的系统，看成是化工流程的核心组成部分。在没有外界干扰下，它应该处于正常的工况状态。而各类手动或自动设备可以看成是对系统的干扰因素，或外界刺激。这些设备的变动或失效，会对系统造成不稳定，进而形成危险，而危险在各个单元设备（如罐）或管道上形成后，会沿着工艺流程，在单元设备中传播，最后累积到一定程度，当发展到某一个薄弱环节处，即形成事故。

对于过程工业生产过程进行高度抽象后，可以利用对不同设备在安全领域中的作用与地位进行分类，从而为 SDG 建模提供一个系统化的基础。在事故发生、传播和爆发的整个生命周期中，有两类设备由于对事故的传播具有阻碍或屏蔽作用，需要引起足够的重视。

一类设备是能量与物料的积累设备，如各类大容量的容器或承压设备，包括塔、釜、罐等。在这类设备中，由于其容积性特质，所以在一段时间内会使传播中的偏差中止在这类设备中，即对事故传播具有阻碍作用。但是，如果偏差的量足够大，或者积累的时间足够长，则这类积累设备也无法包容偏差导致的总量，因此，在事故演变的最后阶段，积累到更大量的能量与物质会突破阻碍，形成更为严重的后果。所以，从这层意义上，这类具有能量和物质累积效应的设备，对于事故演变过程虽然在一定时间内有积极的阻碍作用，但从对最终事故爆发的总体贡献来看，其不利因素要大于积极因素。而且，当偏差在这类设备内部积累过程中，由于变化缓慢导致监测效果不佳，往往使事故的发展过程掩盖了起来，因此又把这种不利效果称为对事故的屏蔽效应。

另一类有这两种效应的设备是各类控制系统。由于控制系统的设计目的是稳定生产，减少波动。因此，从一定程度上对安全是有积极贡献的。然而，由于现实工业中，我们不可能对所有的生产变量都实施控制，也不可能对所有变量都进行监测。在事故发生和传播过程中，控制系统只能在一定范围内保证其被控变量稳定，但其设计目的并不是为了阻断事故传播的途径，因此，控制系统在很多情况下对事故的传播没有抑制作用。同时，由于控制系统的调整，使得处于监测下的被控变量仍然显示稳定，因此在事故隐患积累的很长时间内，将不易被发现，这就是控制系统对事故的屏蔽作用。但是，并不是所有的控制系统都是对安全不利的，需要根据不同的控制器类型进行具体分析。

2.3.2　参数节点的分类

针对上述流程工业工艺单元结构的剖析，在建立 SDG 模型的时候，也需要充分体现这种思路。对于所有的变量节点，首先粗分为两类：过程变量节点与能动设备节点，分别对应于核心流程中的过程变量与各类手动或自动设备涉及的变量。这样的分类，把系统与系统的外界刺激区分开，便于集中考虑由于各类操作失误或设备失效等因素对化工流程系统的影响。

然后，对于过程变量节点，又把它们分为关键变量节点与传播变量节点，分别对应于单元设备中的关键变量（如槽的液位）与起到传播危险作用的管道变量（如流量）。这种分类使得模块化的建模变得比较清晰，而且将系统的大框架已经勾画了出来。

对于能动设备节点，主要把它们分为手动设备节点与自动设备节点。手动设备主要考虑的是由于人的操作失误所导致的系统扰动，而自动设备主要考虑的是由于控制系统出错或设计失误等原因导致的系统扰动。具体的分类如图2-6所示。

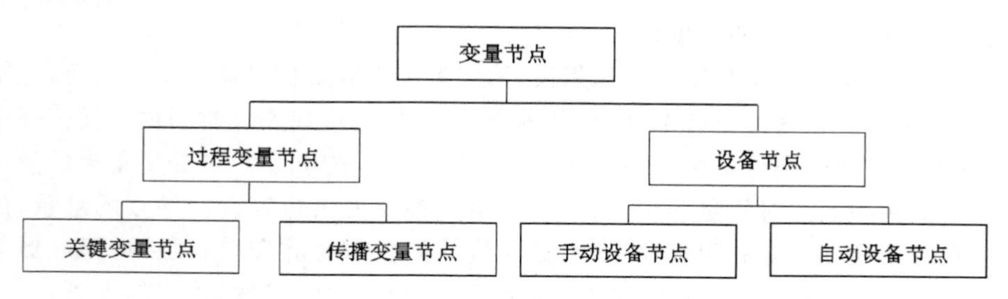

图 2-6　变量节点分类

(1) 过程变量节点

通常所指的压力、温度、流量、组分等与工艺直接相关的变量。在 SDG－HAZOP 中，并不是对所有过程变量节点都进行描述，这样只会大大增加无用信息，一般只关心与安全相关的变量。该类型节点又可以分为关键变量节点与传播变量节点。

关键变量节点：当前单元模块中最关键的过程变量，常常也是体现当前单元模块功能的过程变量。这些关键变量是构成整个 SDG 定性模型的骨干节点，它们一旦出现问题，将要么直接导致灾难，要么对下游工艺造成危害。在 SDG 模型中，如果这些变量会直接导致灾难，则必定要附上后果节点。

传播变量节点：考虑到危险产生后，会通过物质、能量的传递而在工艺流程中传播，需要对于管线等发生物质及能量传播的通路，用一些变量节点来描述出来，这类节点就称为危险传播节点。对于这类变量节点，一般不需要再引上原因或后果节点。但是，这类节点在 SDG 的 HAZOP 分析中极为重要，因为凡是要涉及危险的传播，必然要通过这些传播节点。如果危险没有通过这些节点，则事故显然也是局限在单个设备中。

(2) 设备节点

对于正常工况下运行的系统，即使是危险源变量节点，也是相当稳定的。它本身并不会主动、自发地产生偏差(除非是化学反应过程中工艺条件失控的问题)。它的偏差的主要原因是人为操作失误或者是设备未能正常工作。不管如何，这些原因都与设备相关。这些设备单元节点在 HAZOP 分析中是至关重要的，设备单元节点并不是指设备本身，而是指与设备密切相关的变量，如阀门节点，其物理意义是指阀门的开度。对于设备单元节点的分类方式，将有利于对于常用设备的失效、人为误操作进行模板库的构建。针对设备问题的产生原因不同，可以进一步细分为手动设备节点与自动设备节点。

手动设备节点：之所以单独划分手动设备节点，是为了集中考虑因人为失误而导致的危险。常见的手动设备如手操阀、开关等。

自动设备节点：为了考虑自动设备及控制系统对系统的影响而设立的节点。设立这些节点，从而可以将控制系统的失效（包括变送器失效、控制器或信号失效、执行单元失效等）或控制逻辑问题纳入 SDG－HAZOP 可分析的范畴。

以上四类节点的分类依据、特征及在危险演变中的作用如表 2-1 所示。

表 2-1　节点分类说明

节点类型	分类根据	特征	在危险演变中的作用	建模指导
关键变量节点	流程单元中能体现该单元功能的最关键的变量	往往有监测显示，或受控于控制系统	一旦发生偏离，代表整个系统处于非正常状态	各关键变量通过传输变量连接形成 SDG 模型骨架。如有直接后果，则需与不利后果节点相连
传输变量节点	只会传递危险，本身即使偏离，也不会造成问题	往往是物质、能量等的传递通道，如管道所代表的节点	将关键变量的偏差传递给其他关键变量	一般不与原因或后果节点相连
手动设备	任何可以手动操作的设备	大部分分布在各个管线上，也有与单元设备相连的节点	偏差的来源	一定要引上原因节点，考虑设备失效与人工失误两方面
自动设备	任何与自控系统相关的设备	一般与关键变量相连	偏差的来源	一定要引上原因节点，考虑设备失误与设计失误两方面

2.3.3　原因后果节点的分类

为了能够处理非正常事件，如前节所述，还需要引入两个新的节点，即非正常原因节点和不利后果节点。它们在 SDG 图上以矩形表示，以左上角显示“R”或右上角“C”来区分。

需要注意的一点是，在原因或后果节点中所罗列的原因与后果，除特殊情况外，均是与之相连的变量节点的直接原因与直接后果。也就是说，在建模时，只需罗列出某个过程变量它自己的直接原因或直接后果即可。这些非正常原因与不利后果的信息，由于都是与某个设备直接相关，所以在搜索资料时比较容易。

此外，考虑到对应一类过程变量的原因与后果数量比较多，所以以列表的方式保存在原因节点与后果节点中，而不是每一个原因或后果一个节点。而且，列表支持前后顺序的改变，可以定义列表的顺序为危险程度的表征，以区分原因或后果的严重程度。

引入原因与后果节点的好处是可以复用常见的非正常原因与不利后果。比如，对于同一类阀门的非正常原因集合，可以只画一个原因节点，将非正常原因以列表的方式保存其中。然后将这一个原因节点与 SDG 图中相邻的所有同类型阀门节点相连。这样，比起把这些相同的数据重复地放在每一个阀门节点相比，不仅节省了存储空间，还减轻了对原因或后果列表的维护量。

因为过程系统内的变量都存在直接或间接的关联关系，某个过程变量的非正常原因除了导致该变量发生偏差外，一定会沿着这种变量间的关系，传递到其他的节点，引起它们的偏差。如果在这条传递链中，某一变量节点存在不利后果的话，就会引发这些后果，造成事故。

2.3.4 SDG－HAZOP 建模原则

为了保证工程人员的建模质量，在整个建模过程中，除按上述思路进行节点分类建模外，还需要遵循以下原则：

(1) 只提取与安全有关的信息

建模时，容易犯的一个错误是没有选择地将所有的信息都用 SDG 表达。这样会造成许多与安全评价无关的信息引入到 SDG 模型中来。用这样的 SDG 模型进行 HAZOP 分析会产生大量的无效结果，使得我们需要的评价结果淹没在垃圾信息中。因此，建模时首先要在单元设备的温度、压力、流量、组分、液位等常见过程变量中，仔细分析到底哪几个是该设备安全问题的关键变量，然后只选择这几个变量进行建模。比如，对于一个普通的单组分计量槽，液位是关键，那么它的温度、压力等其他变量就全部忽略。

(2) 迭代反复原则

刚开始建模时，往往不知从何开始，所以经常是全面铺开式的工作。这样的做法不仅没有条理，而且在造成信息爆炸同时又遗漏一些重要信息。因此，建议利用节点分类的思路，对所要建模的化工流程进行剖析后，再进行建模。另外，建模过程应该是由简入繁的迭代过程。开始时，利用关键变量节点将系统的框架搭建出来，然后在此框架上将其他类型的变量一一引入并连到现有的框架上。在这种思路下建模，不容易遗漏节点，而且由于是受控制下进行，所以不会产生信息爆炸。

(3) 模块搭接原则

由于化工流程天然地由多个单元组成，所以在进行 SDG 建模时，可以参照工艺流程，进行模块的划分。然后针对子模块，视其规模决定是否继续划分为更小的模块。最后，对于某一具体模块根据原则一的指导，进行 SDG 建模。对模块建模时，只要考虑该模块内部的结构与关系，所有的模块间的边界问题，留到最后再进行。待所有的模块都建立完毕后，再将各子模块通过传输节点进行连接。一般的情况是，在进行子模块建模时，变量都围绕着该模块中的几个关键变量展开。在进行模块搭接时，再考虑如何利用传输节点将模块间的关键变量相连。模块划分时一般参照 PID 图进行，即某一单元设备即为一个子模块。遇到复杂的单元，如塔，可能要再细分。如果对管网进行建模时，一般情况下我们把它们当作连接节点使用。但是，如果某一管网相当复杂，而且物理上与其他单元通过有限的管线相连的话，可以把管网同单元设备一样处理，成为一个子模块先进行建模。

(4) 系统化原则

建模过程需要从系统化、结构化的思路进行，遵循从物质、能量和信息三个方面着手。具体来说，需要在体系中找到物质和能量的基本平衡关系，将人为操作与控制器归纳为操作点，并考虑这些操作点对于系统平衡的影响。

(5) 直接原则

任何节点，尽可能只与它直接相关的原因与后果相连。不要试图代替计算机去作 HAZOP 分析，然后将间接的原因或后果附在某一个变量节点上。寻找非直接的原因与后果是计算机 HAZOP 分析的功能，而不是建模人员应该做的工作。

(6) 单一假设原则

在考虑变量与变量之间的关系时，经常会把许多因素综合在一起考虑，造成关联关系难以确定的问题。实际上，在确定两个节点之间关系的时候，一个前提就是只考虑某个节点对另一个节点的影响关系，这时假设所有其他对该节点的影响关系均不存在，类似于在对多变量表达式求偏微分时，我们视其他的变量为常量一样。

(7) 区分原因与后果

由于我们日常语言的不精确，经常会在考虑两个节点之间的关系时，因为不知道是谁影响谁，所以导致支路的方向无法确定。该问题的实质是建模人员没有区分主动与被动的关系。在画支路方向时，要考虑这种影响关系是谁发起，即谁是主动。确定哪一个节点是主动之后，就由那个节点指向另一个节点画上支路。

(8) 原始拉偏点的选取

在SDG－HAZOP分析中,原始拉偏点的选取是非常重要的。在建模中,不要将所有的变量节点统统设为原始拉偏点。依据重大危险分析的原则,可以只选择与不利后果相邻的过程变量节点作为原始拉偏点。

(9) 自由度的考虑

在对一个单元设备中挑取变量时,要考虑最小自由度问题。也就是说,对于多个相互影响的变量,不需要都对它们进行建模,只需表达该单元的一部分变量即可。

(10) 是否存在正反两向偏差的考虑

对于有一些变量,不存在正偏差或负偏差。比如某些阀门,正常阀位就是全开,那么它们就不存在正偏差,所以在建模时需要加入"无正偏差"的规则,从而在推理时能够有效减少伪相容通道。

(11) 不可检测或概念性节点的设立

对于某些不可检测,甚至只是概念上的定性变量,如除氧水水质,实际上它包括两个指标,一个是含氧量,一个是水的硬度。这两个量都没有具体的设备来检测它们,但是它们对于设备长期安全运行是至关重要的,在进行SDG建模时也要将其描述出来。

(12) 避免逻辑闭环

在列写非正常原因时,应注意避免逻辑上形成闭环。

2.3.5 建模步骤

由于所分析的系统一般较为庞大,通常采用系统划分一建立子系统SDG模型一模型总装测试的方式进行建模。首先,依据设备、管道的功能、相对位置等信息,将系统划分为相对比较独立的几个子系统;随后,针对每个子系统建立SDG模型;最后,在各个子系统的SDG模型确保合理的基础上,将各个子系统模型进行简化、相关节点合并、连接形成系统的总体模型。

在对系统子系统建模过程中,需要遵循以下的步骤进行:

第一步:划分单元(模块)。

根据功能、控制系统、物料等,将子系统内部进一步划分成多个单元模块。

第二步:选取关键变量。

在划分好的模块中,选择与安全相关的关键变量,并罗列其直接的不利后果和非正常原因。对于复杂流程而言,其SDG－HAZOP模型所涉及的过程变量可能达到几百个甚至上千个,如果不加思考地想到哪个变量就画上哪个变量,势必影响模型效果与建模时间。因此,在实践中,我们总结出,从选择关心的过程变量——关键变量,围绕着各个关键变量,通过列写影响方程,找出影响该关键变量的周边变量。再针对每个周边变量，找出影响该周边变量的变量，这样以关键变量为“花心”，一层一层向外扩展“花瓣”。如图 2-7 所示。

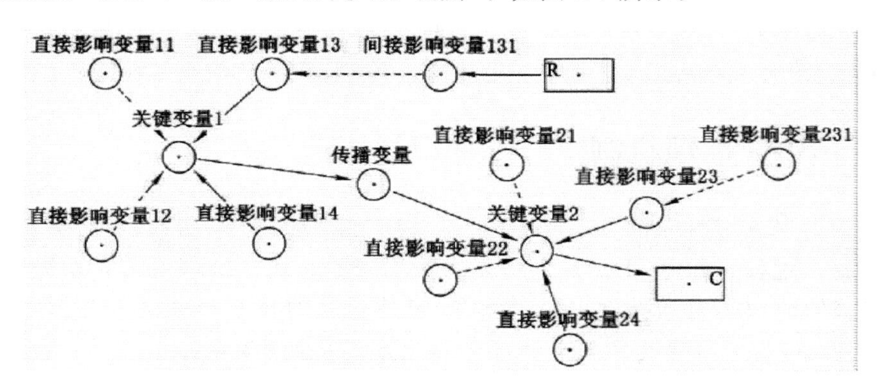

图 2-7　以关键变量为出发点建立 SDG 模型

第三步：列写影响方程。

影响方程是描述周边变量对某一过程变量的影响关系。将该过程变量写在方程左边，以一个箭头表示右边的变量会对它产生影响。罗列会影响它的过程变量，将它们写在方程的右边，并注明影响关系，如下所示：

FR－01 ← ＋HV11＋V10＋C3＋V09＋K01＋V01－HV03

其中，“＋”代表正作用，“－”代表负作用。上式的含义是 HV11、V10、C3、V09、K01、V01、HV03 对 FR－01 有影响。以 HV11 为例，表示 HV11 与 FR－01 的关系是正作用，即 HV11 增大会导致 FR－01 增大。

通过列写影响方程，可以将每一个过程变量(包括关键变量与传输变量)的影响因素罗列清楚，在影响方程右边的变量都将以 SDG 节点的形式在模型中画出。影响关系式的主要目的是列出与关键变量直接相关的各个因素，以及这些因素的影响类型与程度。

在完成影响关系分析后，SDG 模型中的骨架部分已经建立完成。

第四步：添加原因、后果节点。

在对设备、操作点和流的资料收集基础上，从设备失效、人员失误和工艺波动等方面列出所有可能的非正常原因，并总结成表。同时，对工艺流程中相关节点的不利后果，包括影响程度、可能性等信息进行列表。将以上信息分别列入原因、后果节点中，并与相应的变量节点相连接。

第五步：简化修改模型。

最后，对所建立的 SDG 进行简化修改。在这一步，要秉承“只与安全相关”的原则，将关系不大的节点、支路去除。另外，可以将一些非核心流程精简，以达到减低节点和相容通路的目的。

以上建立SDG－HAZOP模型的步骤，提供了一种结构化的建模方法。避免了全面铺开，增加了建模的条理性。同时，对建模人员不要求是精通流程的专家，只需要有一定的化工工艺背景的工程人员，根据PID图即可进行。

2.4 SDG推理机制

SDG推理是完备的且不得重复的在SDG模型中搜索（穷举）所有的相容通路。这一过程又称为SDG定性仿真。搜索任务是通过推理引擎自动完成的。高效、准确、超实时的推理引擎是SDG定性仿真的核心与关键。对于大系统SDG模型，为了提高效率，应当采用分级或分布式推理策略。

SDG推理的前提既可以是SDG所有节点的状态未知，也可以是SDG所有节点的状态已知。SDG所有节点的状态未知属于评价模式。SDG所有节点的状态已知属于故障诊断模式。

在SDG模型的推理过程中，从选定的节点向目标节点探索可能的、完备的且独立的相容通路。每一个节点都要对所有的其他节点作一次全面探索，并且在探索中对通路经过的节点作相容性标记。最后探索到当前SDG模型中所有可能的且独立的相容通路。

SDG的推理机制主要有两种：正向推理和反向推理。正向推理是顺着节点间支路箭头的方向搜索相容通路；反向推理是逆着节点间支路箭头的方向搜索相容通路。在实际应用中，正、反向两种推理可以联合使用。

2.5 SDG－HAZOP案例分析

2.5.1 工艺流程简介

某精馏工艺流程如图2-8所示。来自新鲜苯罐（位于装置内罐区）的新鲜苯，用泵提压至1.1 MPaG送到白土处理器（R－201&S），自上而下通过白土床层，其中的碱性氮化物被吸附。苯塔回流罐（V－201）液位LIC－2005和白土处理器出料FIC－2006串级控制，经过处理的新鲜苯送入苯塔顶冷凝器的出料管线中。苯塔（T－201）的作用是将苯与乙苯及其以上的物质分开，对烷基化和烷基转移产物中的苯进行回收。塔釜物料中苯含量小于800 ppmwt。

烷基化和烷基转移反应产物经过压力控制阀之后，以气液两相的状态进入苯塔（T－201）。苯塔（T－201）塔顶气相馏分在苯塔顶冷凝器（E－202）中部分冷凝，并产生0.21MPaG水蒸气。来自脱非芳塔（T－204）的塔釜液以及经白土

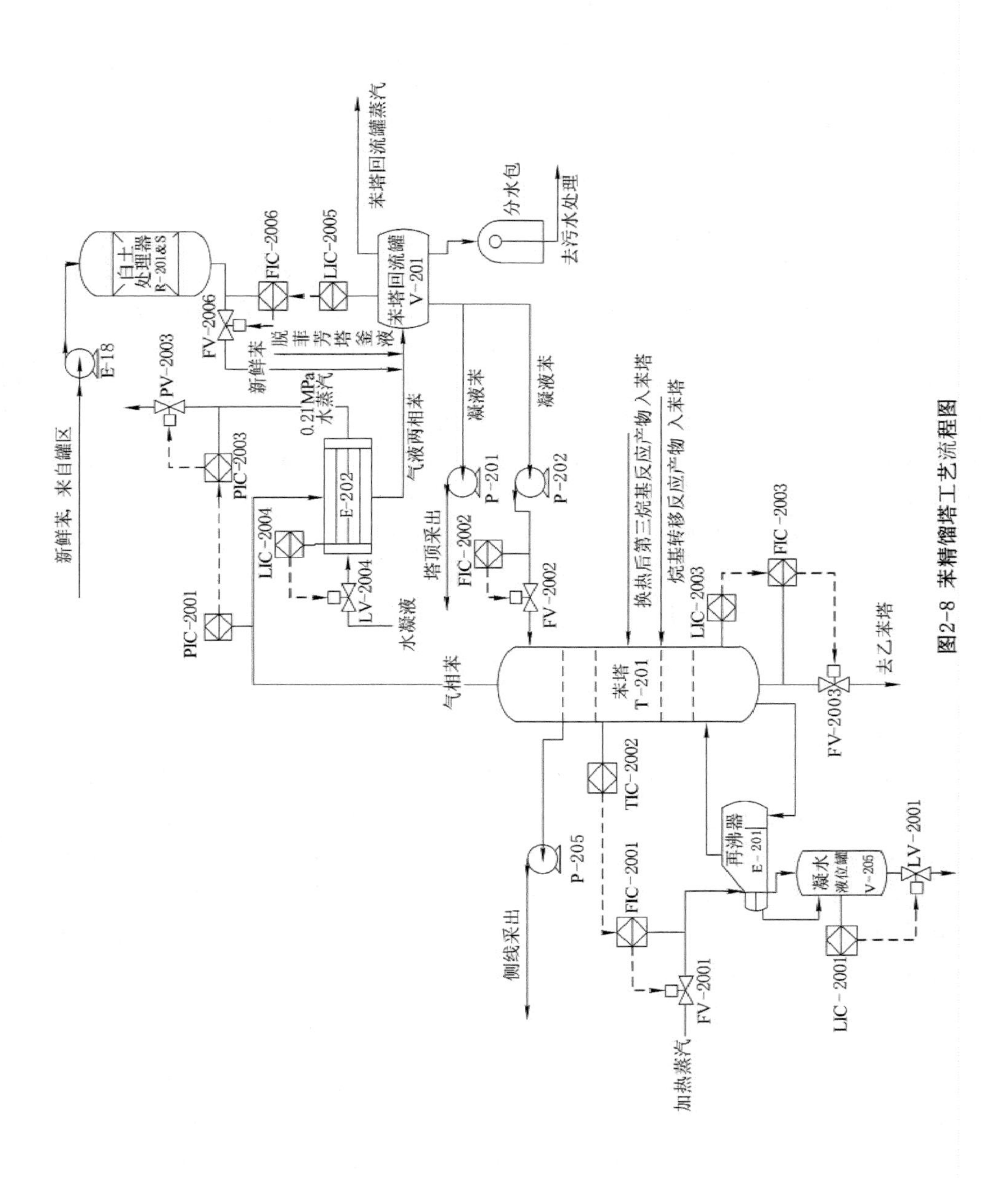

图2-8 苯精馏塔工艺流程图

处理的补充新鲜苯，与呈气液两相的苯塔顶冷凝器(E－202)的出料在管线中混合，进一步冷凝、冷却两相流物料中的气相，然后进入苯塔回流罐(V－201)。在苯塔回流罐(V－201)中气液分离，一部分凝液在FIC－2002控制下经苯塔回流泵(P－202)送回塔顶作回流，另一部分作为塔顶采出，由烷基化原料苯泵(P－201)送回烷基化反应系统。苯塔回流罐(V－201)设有分水包，以收集非正常状况下分离出的游离水，收集的污水可适时排放到污水处理系统。用于烷基转移反应的原料苯由烷基转移反应原料苯泵(P－205)从苯塔上部第4块板的位置上抽出，返回烷基转移系统。苯塔塔顶的压力PIC－2001由重新设定苯塔顶冷凝器壳程发生的低压蒸汽压力PIC－2003来控制。重新设定发生蒸汽的压力，调节冷凝器内的温度和传热量，使未冷凝蒸汽的量与脱非芳塔的进料量同。苯塔再沸器(E－201)采用3.5MPaG的蒸汽加热，加热蒸汽在管程冷凝后流入苯塔再沸器液位罐(V－205)，然后排入凝液系统，采用塔灵敏板温度TIC－2002与塔釜再沸器加热蒸汽流量FIC－2001串级，通过调节加热蒸汽量，控制灵敏板的温度。调节塔釜出料流量FIC－2003来控制苯塔塔釜液位LIC－2003，塔底物料送至乙苯塔。

苯塔有46块实际塔板，烷基化产物和烷基转移反应产物分别从第25块和第29块板进料，灵敏板位置是第37块板。

工艺过程物料流、能量流及操作点等信息分别如表2-2、表2-3、表2-4所示。

2.5.2 SDG建模过程

(1) 关键变量选取

苯塔，其目的是将轻组分苯从塔顶蒸出，而重组分(甲苯、二甲苯等)从塔底抽走。因此，塔顶重组分含量和塔底轻组分含量是衡量该装置是否正常工作的两个重要指标，首先将这两个变量设成两个SDG关键变量节点。考虑到苯塔中的能量平衡问题，塔温也是一个重要指标，塔温的高低同时也直接影响分馏的效果，因此，苯塔塔温也是一个关键变量。此外，考虑到塔内压力对于安全也是不可忽视的一个因素，将塔压也设置为一个关键变量。以此类推，共确定7个关键变量，如表2-5所示。

(2) 影响关系分析

首先，塔顶重组分含量和塔底轻组分含量这两个指标的优劣，主要是由苯塔的分离效果来决定。由于分馏塔的分离效果一般由塔板效率决定，因此我们在模型中加入一个苯塔塔板效率节点，作为分离效果的综合指标。同时，将两个组分含量节点与塔板效率节点用支路相连。

对于分离效果而言，分离塔中主要由气相负荷和液相负荷两个对立因素

表 2-2　**苯塔装置物料流统计表**

物料流编号	说明	物质/(kg/h)	物理尺寸	温度/℃	压力/MPa	流量/(kg/h)	黏度	腐蚀性	毒性	易燃易爆
W—01	进苯塔物料(烷基化)	苯(54 347.5)、乙苯(20 277.1)、多乙苯等	8″	172	0.7	79 633.5	0.159	小	高	易燃易爆
W—02	进苯塔物料(烷基转移)	苯(43 209.8)、乙苯(6 796.5)、多乙苯等	12″	168	0.7	52 687.7	0.160	小	高	易燃易爆
W—03	苯塔回流	苯(116 772.8)及少量非芳烃(1 172.8)	8″	149	1.0	118 000	0.172	小	高	易燃易爆
W—04	苯塔釜出料	乙苯、多乙苯及少量重油	12″	228	0.65	33 583.5	0.146	小	高	易燃易爆
W—05	侧线采出	苯(45 787.7)及少量非芳烃(392.3)	8″	152	0.60	46 242.0	0.169	小	高	易燃易爆
W—06	塔顶采出	苯(168 515.5)及少量非芳烃(1 892.9)	24″	152	0.60	170 495.7	0.011	小	高	易燃易爆
W—07	再沸器出口物料	苯(667 841.6)及少量多乙苯(145 789.5)	32″	229	0.65	830 096.9	0.146	小	高	易燃易爆
W—08	E202 出口物料	苯(168 515.5)及少量非芳烃(1 892.9)	14″	149	0.575	170 495.7	0.172	小	高	易燃易爆
W—09	V201 出口物料	苯(188 480.8)及少量非芳烃(1 893.0)(P202、P201)	14″	149	0.575	190 461.5	0.173	小	高	易燃易爆
W—10	V201 进口物料(自 E202、白土处理器)	苯(193 871.0)及少量非芳烃(1 982.0)	14″	149	0.575	195 961.4	0.172	小	高	易燃易爆
W—11	脱非芳塔进口物料	苯(5 390.3)及少量非芳烃(89.1)	6″	149	0.575	5 500	0.011	小	高	易燃易爆
W—12	进白土处理器原料苯	苯(20 018.3)及少量非芳烃(40.2)	4″	31	1.2	20 078.6	0.549	小	高	易燃易爆

表 2-3　　苯塔装置物料流统计表

能流编号	说明	介质	物理尺寸	温度/℃	压力/MPa	流量/(kg/h)	黏度	腐蚀性	毒性	易燃易爆	止逆	压力	备注
N－01	进 E201 蒸汽	高压蒸汽	10″	350～400	3.5	26 385							
N－02	再沸器出口物料	多乙苯及少量苯	32″	229	0.65	756 581	N/A	N/A	高	易燃易爆	N/A		
N－03	进 E202 凝水	冷凝水	4″		0.45	22 093						出口压力 0.21 MPa	蒸汽发生器
N－04	塔顶采出	苯及少量非芳烃	24″	152	0.60	170 505	N/A	N/A	高	易燃易爆	N/A		

表 2-4　　苯塔装置操作点统计表

操作点编号	说明	操作条件	操作频率	单步/序列	联锁保护	实时监测	响应速度
P201	烷基化原料苯泵	手动	低	单	无	有	快
P202	苯塔回流泵	手动	低	单	无	有	快
P205	侧线采出泵	手动	低	单	无	有	快
PV－2003	塔顶压力调节阀	手/自动				有	快
FV－2003	塔釜采出流量调节阀	手/自动				有	慢
FV－2001	再沸器蒸汽流量调节阀	手/自动				有	快
LV－2001	凝水罐液位调节阀	手/自动				有	快
FV－2006	原料苯补充流量调节阀	手/自动				有	快
FV－2002	回流流量调节阀	手/自动				有	慢
LV－2004	蒸汽发生器凝水液位调节阀						

表 2-5　苯塔装置关键变量列表

关键变量	变量说明	类型	选取原因
1	塔顶产品乙苯含量	功能点	苯塔的关键控制参数
2	塔釜产品苯含量	功能点	苯塔的关键控制参数
3	塔顶压力	危险点	压力过高或经常波动对设备造成损坏
4	塔釜液位	危险点	过高液泛，过低易抽空
5	回流罐液位	危险点	控制点，确保 50%～60%液位
6	回流罐分水包界位	功能点	为防止污水带油和水进入下一级设备
7	苯产品的杂质含量	功能点	为防止苯产品中的杂质进入下一级设备

是否处于最优化的平衡点来决定。因此，气相负荷和液相负荷这两个参数，需要在 SDG 模型中加入两个节点。当气相负荷过大，则雾沫夹带、塔板液泛等现象就会产生，气相负荷过小，则产生漏液。这三种现象都将危害到塔板效率，因此在 SDG 模型中加入这三个节点，并与塔板效率节点用支路相连。同样，与液相负荷相关的气相返混、液流分布和塔釜液泛三种现象也在模型中用相应的节点表示。这六种常见的现象，本身并不是过程变量，但是由于它们在模型中可以有效地沟通塔板效率与气、液相负荷这几个变量，因此使事故的传播路径更为清晰。

围绕着气、液相负荷这两个变量，我们可以将塔温、回流量、进料量等参数与它们连接起来。

以上的分析与建模基本上是围绕着苯塔的质量平衡展开。对于苯塔的能量平衡，主要考虑热量平衡，即塔温。在考虑塔温时，必须考虑能量的输入与输出。在苯塔系统中，热量的来源有再沸器加热量、进料热量、气相凝液放热量等。在这三个变量中，进料带入的热量较少，而且与出料基本形成平衡，可以不考虑。气相凝液放热量虽然大，但液相蒸发吸热量也相当大，对于塔内，我们可以认为这是一个平衡态，两者相抵，也不考虑。因此，对温度升高的贡献主要来源于再沸器。苯塔中热量输出的途径包括自然散热、出料热量、液相蒸发吸热、冷凝器吸热。在这几个变量中，冷凝器的贡献最大，因此对于热量平衡，我们主要考虑再沸器与冷凝器的量。

苯塔中的压力贡献来源于塔顶气相物质的蒸汽压。其中含水量越大，塔顶压力越大。含水量与塔顶的污水分离系统相关。而塔顶气相凝结量越大，即有更多的气相物质转化为液相，导致压力下降。因此，塔压与冷凝系统建立了关联。

综上所述，得到苯塔各变量影响关系分析表，如表 2-6 所示。

表 2-6 变量影响关系分析表

被影响变量	影响变量	影响关系	程度	理由	备注
塔顶产品乙苯含量	精馏效果	↓	5	塔整体分离效果越好，塔顶出口乙苯含量越小	无负偏差
	塔温	↑	4	塔温过高，重组分在塔顶产品中的含量高	
	塔压	↓	4	塔压力高，重组分在塔顶的含量低	
	回流量	↓	4	回流量大分离效果好，重组分不易挥发至塔顶	
塔釜产品苯含量	精馏效果	↓	5	塔的整体分离效果越好，塔底产品苯含量越小	无负偏差
	塔温	↓	4	塔温高，轻组分在塔底产品中的含量少	
	塔压	↑	4	塔压过高，轻组分在塔底产品中的含量高	
	回流量	↓	4	回流量大分离效果好，轻组分在塔底产品中含量少	
塔压	塔顶气体出口流量	↓	5	塔顶气体流量增加，塔压降低	
塔釜液位	塔釜采出流量	↓	3	塔釜采出流量增大，塔釜液位降低	
	提馏段液相负荷	↑	4	自塔顶流下的液相流量增加，塔釜液位升高	
	塔釜蒸发量	↓	3	塔釜蒸发量大，塔釜液位降低	
回流罐液位	冷凝器出口流量	↑	5	回流罐进口流量增加，回流罐液位升高	
	回流量	↓	4	出回流罐流量增加，回流罐液位降低	
	烷基化反应器进料量	↓	4	出回流罐流量增加，回流罐液位降低	
	脱非芳塔底采出流量	↑	2	回流罐进口流量增加，回流罐液位升高	
回流罐分水包污水界位	排污水流量	↓	5		
	塔进料含水量	↑	1		
苯产品杂质含量	进料杂质含量	↑			
	白土处理器效果	↓		白土处理器效果好，则杂质容易去除	

（3）列写原因、后果节点

从设备失效、操作失误和工艺波动等角度分析，导致变量发生偏差的非正常原因如表2-7、表2-8和表2-9所示。

表2-7 设备失效导致的非正常原因统计表

设备类型	正负作用	通用失效模式	备注
泵	正作用	无	
	负作用	断电	
		泵坏	
控制器	正作用	逻辑错误	
		输入、输出信号错误	
	负作用	逻辑错误	
		输入、输出信号错误	
调节阀	正作用	控制器错误	
	负作用	控制器错误	
		机械故障导致阀堵塞	
手操阀	正作用	无	
	负作用	机械故障导致阀门堵塞	
管道	正作用	无	
	负作用	堵塞	
		严重泄漏	
冷凝器	正作用	无	
	负作用	结垢	
		内漏	后果因两种物料而异

表2-8 人为操作失误导致的非正常原因统计表

操作点	正负作用	失误模式	备注
泵	正作用	误开	
	负作用	误关	
阀	正作用	误开大	
	负作用	误关小	

表 2-9　　工艺波动导致的非正常原因统计表

物流编号	说明	工艺波动	相关变量
W－01	塔进口物料	进口物料中杂质含量过高	出口产品不合格
		进口物料中水含量过高	出口水含量
N－01	高压蒸汽	蒸汽压力低	塔温偏低
N－02	凝水流量	凝水流量过低	塔压偏高
	产品杂质/水含量	进料杂质/水含量偏高	影响下一工段设备正常运行

同时，对相关变量偏差所导致的不利后果进行分析，如表 2-10 所示。

表 2-10　　相关变量不利后果列表

相关节点	正负偏差	直接不利后果	严重度
塔釜液位	负	塔抽干，泵干磨导致设备损坏	5
塔顶压力	正	塔顶压力过高，设备受损	5
	正	安全阀起跳，物料泄漏	4
回流罐液位	正	回流罐溢出	4
	负	回流罐抽空，泵干磨导致设备损坏	5
塔釜出料非芳烃含量	正	分离失败，对下游造成影响	5
回流罐分水包污水界位	负	污水带油	3
塔釜出料水含量	正	影响苯塔催化剂活性	5

将以上非正常原因和不利后果分别写入原因、后果节点，并与相关的变量相连，形成苯塔的 SDG－HAZOP 模型，如图 2-9 所示。通过对该模型进行计算机自动推理，即可得到塔顶压力过高、塔釜液位过低等偏差的原因和后果。

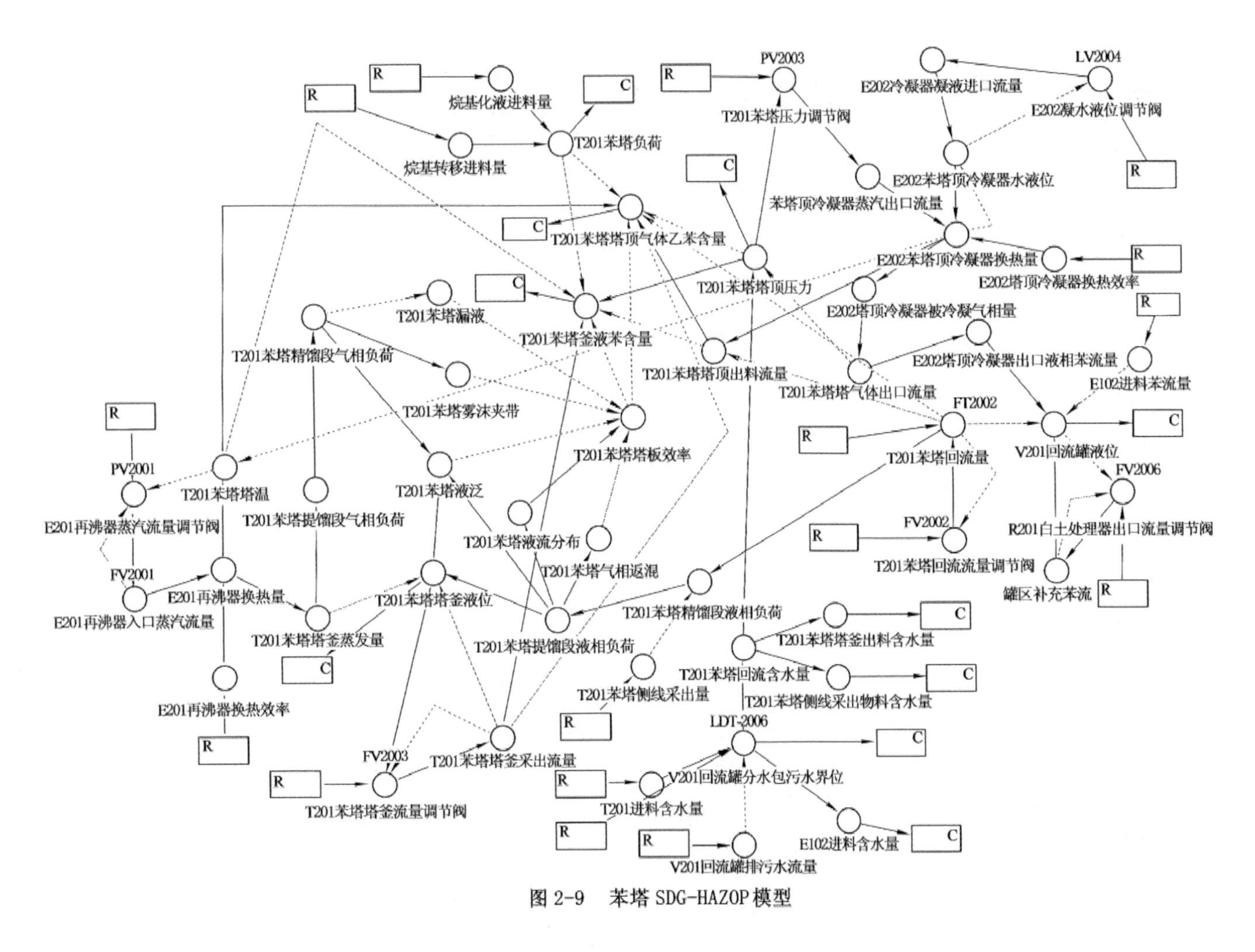

图 2-9　苯塔 SDG-HAZOP 模型

第3章　间歇生产过程 HAZOP 分析方法

3.1　间歇过程 HAZOP 分析

3.1.1　间歇过程特点

间歇过程，又称批量生产过程，是化工生产过程的一种。最近几十年，一些化工企业竞相发展小批量、多品种、高附加产值的精细化工产品和生化产品。这两类产品大多采用间歇生产过程。至今间歇生产过程的产品产值已占整个化工行业的50%左右。对于精细化工产品等的生产，间歇过程不仅能更好保证产品的质量，而且能使生产具有很大的柔性。这样既能够使厂家快速地适应市场需求的变化，又能够节约时间成本，提高企业的竞争力。间歇过程多是在同一套装置上通过设备、时间、原料和能量等的共享而灵活方便地生产多个产品，因此，多产品和多用途的间歇生产方式更加适合于多品种、小批量、工艺复杂和附加值高的化学品，且其应用的范围和比重日益加大。在这样的前提下，研究间歇生产过程，尤其是复杂间歇过程的安全分析和评价方法有着极为重要的意义。

在连续过程中，操作员在独立的操作步骤中几乎不起任何作用，但在间歇过程中，操作员却起主要作用。间歇过程的子任务的开始和结束通常需要操作员的参与，因此设备操作员的疏忽很可能导致危险。这样的危险被称为是由于设备误操作引起的。因此，间歇过程的 HAZOP 分析除了要考虑过程变量偏移及设备失效以外，还要考虑人为误操作。

人为误操作可以以多种方式发生，比如：

① 任务或子任务的顺序错误。

② 子任务持续时间错误。

③ 加料错误。

④ 进行的反应错误。

上述的情况都是间歇过程所特有的，在连续过程中不会出现。

由于间歇过程的上述特性，连续过程的 HAZOP 方法不能直接用于间歇过程，必须经过适当的改进。在进行间歇过程的 HAZOP 分析时，必须考虑到下面两个问题：

① 操作顺序和操作员行为的作用。

② 间歇过程的离散事件特性。

此外，对间歇过程进行 HAZOP 分析所需要的资料也与连续过程有很大的不同。除了设备的 PID 以外，间歇过程的 HAZOP 分析还需要生产配方和对每一个操作步骤详细描述的操作手册或操作序列说明等材料。这些材料提供了操作顺序的信息而不是单独的某个设备。另外，还需要有关过程工艺、物料安全参数表以及有关设备控制方面的信息。

3.1.2　间歇过程 HAZOP 引导词

在可能导致事故的人为失误、物料变化、设备失效这三类非正常事件中，人为失误（malfunction）是间歇过程与连续过程的一个主要区别。因此，在 HAZOP 分析基本引导词的基础上，“EARLY”、“LATE”、“BEFORE”、“AFTER”这四个与误操作相关的引导词被引入进来用于间歇过程的 HAZOP 分析，各引导词的具体含义在表 3-1 中说明。

表 3-1　间歇过程相关引导词

引导词	含义	过程工业举例
EARLY（早于）	早于期望的发生时间	某操作早于时钟时间发生
LATE（晚于）	晚于期望的发生时间	某操作晚于时钟时间发生
BEFORE（先）	提前于期望的发生顺序	A 操作先于 B 操作发生
AFTER（后）	落后于期望的发生顺序	A 操作在 B 操作之后发生

3.2　间歇过程 SDG－HAZOP 分析

3.2.1　干灰脱除工序 SDG 模型

图 3-1 为某煤制油厂制氢工序干灰脱除工段流程简图，自煤气化工序来的合成气（340 ℃，3.96 MPa）进入 HPHT（高温高压）飞灰过滤器 S1，99％左右的粉尘被除去，脱除飞灰后的合成气送湿洗流程做进一步处理。

积存在 HPHT 飞灰收集器 V1 底部的飞灰间断送至飞灰排放罐 V2 缓冲，闪蒸出飞灰中的部分燃料气送火炬燃烧。飞灰排放罐内的飞灰再间断送至下一设备。

该过程中的两个主要设备 V1 为半间歇操作（连续进料，间歇出料），V2 为间歇操作（间歇进料，间歇出料）。具体间歇操作方式如下：

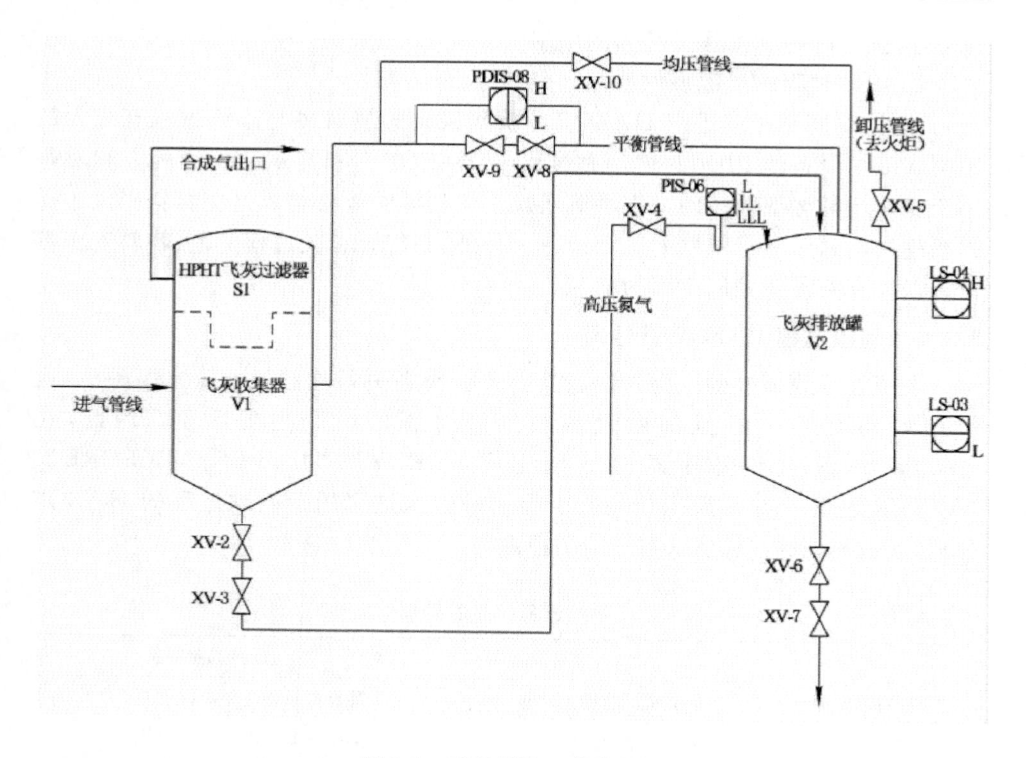

图 3-1　干灰脱除工序流程图

初始状态：XV－4/5/6/7/10 关闭，XV－2/3/8/9 打开。LS－04 为 H 或计时器时间到被启动，进入步骤 1。

(1) 关闭 XV－2/3/8/9，打开卸压阀 XV－5 为 V2 卸压。

(2) 当 PIS－06 为 LLL 时，关闭 XV－5，打开 XV－7/6，将 V2 中的飞灰输送到下一个设备。

(3) 当 LS－03 为 L 时，关闭 XV－6/7，打开 XV－4，用高压氮气为 V2 充压。

(4) 当 PDIS－08 为 H 时(即 V2 压力稍高于 V1)，关 XV－4，打开 XV－10，为 V2 和 V1 均压。

(5) 当 PDIS－08 既无高信号 H，也无低信号 L 时(此时 V2 于 V1 压力基本相同)，打开 XV－2/3，10 秒后打开 XV－8/9，系统回到初始状态。

根据以上的操作步骤及流程描述，列写该过程所关注的关键过程变量如 V1 压力、V2 压力、S1 出口气体飞灰含量等，并进而找出对其有影响的相关变量，分析导致变量发生偏差的直接原因和后果，分别记录在 R 和 C 节点中，建立的

SDG 模型如图 3-2 所示。

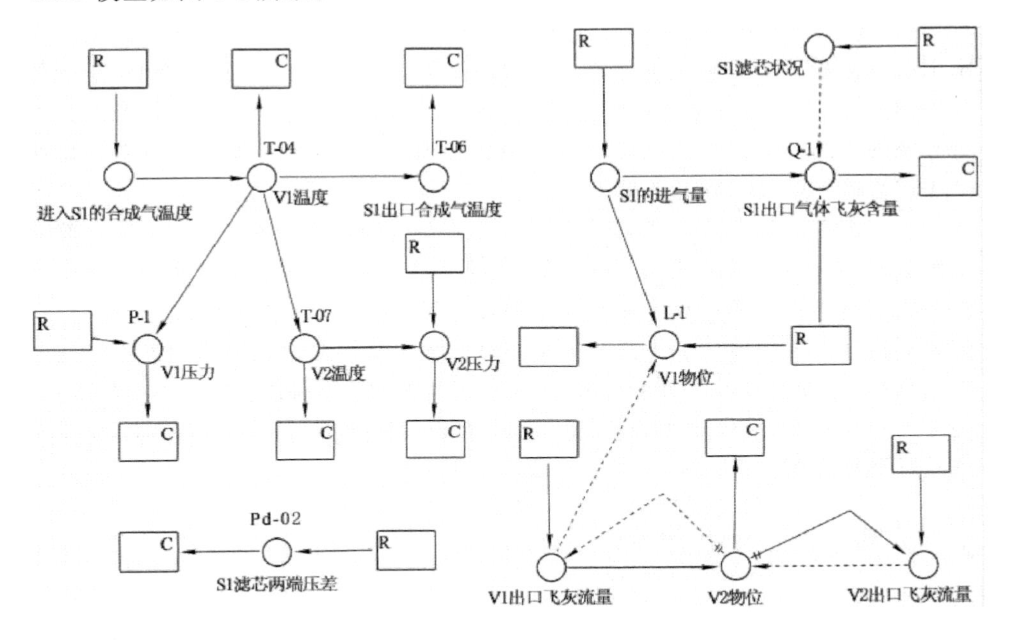

图 3-2　干灰脱除工序 SDG 模型

3.2.2　模型存在的问题

由以上的模型图和 HAZOP 分析结果可以看出，该方法建模过程简单，只要对建模思路稍加讲解，就可以使熟悉工艺的现场人员参与到安全评价中来，从而大大提高模型的精确性和可信度，同时又可以节省评价费用。模型建成后，HAZOP 推理过程完全由计算机自动实现，根据模型的复杂程度，推理过程所消耗的时间由几秒到几分钟不等，这与人工 HAZOP 分析相比大大减少了人力和时间的消耗。

实践证明，使用现在的 SDG－HAZOP 方法可以很好地完成连续过程的安全评价。然而，该方法在间歇过程 HAZOP 分析方面还存在一些不足之处：

(1) 从图 3-2 可以看出，使用 SDG 方法对间歇过程进行建模，得到的模型是分散的。这是由于在间歇过程中，设备的进料和出料都是间歇操作，假如容器 A 进料流量过大导致 A 液位过高溢出，但此时 A 的出料阀门是关闭的，因此 A 溢出并不会影响下一个设备，也就是说危险在间歇操作的过程中被截断了。这样的模型是在设备（泵、阀门等）处于正常工况且操作员的行为都正确的假设下建立的，即间歇操作的步骤切换过程中没有发生故障。一旦这个假设不成立，那么上述的模型就无法进行正确的推理。

(2) 该模型无法表达与间歇过程操作顺序相关的信息。虽然该方法可以表示出所有由设备失效和大部分由人为误操作所引起的危险,但由于 SDG 是一种机理模型,所以它不能表达间歇过程的操作顺序,从而导致所有由操作顺序失误所导致的不利后果都不能在推理结果中显现出来,而间歇过程的离散事件特性又决定了操作顺序错误的频繁发生。

(3) 该模型无法进行多原因分析。通过大量的案例分析,可以发现大部分事故都不是某一单独的原因所导致的,而是人为误操作、设备失效及环境因素等多个原因共同作用的后果。尤其对于间歇过程,在每一步中操作工都可以介入,因而导致了人为误操作的可能性大大提高。如果某一步出现故障而操作工处理不当,就有可能引发一系列的误操作,多个误操作共同作用就可能导致严重的后果。由于现有 SDG 模型只能表示"或"的关系,而没有"与"关系的描述,也就无法进行多故障源分析。

3.3 改进的 SDG 模型

SDG 模型既包容了系统的事故状态,又描述了事故传播的所有可能路径,抓住了事故发生与发展的本质规律,故称为深层知识模型。然而,SDG 模型描述的是系统正常工况下的静态模型。它无法描述多种部件交互所引起的系统事故,也无法描述随时间变化的开、停车等动态信息。

对于动态信息的描述,Petri 网具有不可比拟的优势。以条件触发状态迁移为基本机制的 Petri 网,可以将多个操作、多个对象的动态行为在一个模型中表达出来,因此对多因素交互作用的描述也相当高效。

Petri 网(Petri Net)是由德国的 Carl Adam Petri 于 1962 年提出的,他在博士论文 *Communication with Automata*(用自动机通信)中首创性的用网状结构模拟通信系统。这种系统模型后来被命名为 Petri 网,又简称为网。

Petri 网是一种可用图形表示的组合模型,具有直观、易懂和易用的优点,对于描述和分析并发现象有它独到的优越之处。同时,Petri 网又是一种可以用图形表示的数学对象,借助数学开发的 Petri 网分析方法和技术既可以用于静态的结构分析,又可以用于动态的行为分析。

目前,Petri 网应用已涉及计算机科学的各个领域,例如线路设计、网络协议、软件工程、人工智能、操作系统、并行编译、数据管理等。

3.3.1 Petri 网基本定义

一般系统模型均由两类元素构成:表示状态的元素和表示变化的元素。例如用于描述程序系统的程序设计语言用变量表示状态；用语句特别是赋值语句表示变化。Petri 网中的状态元素和变化元素分别称为 S_元素和 T_元素，或简称为 S_元和 T_元。

三元组 N=(S,T;F)称为有向网(directed net)，或简称网(net)的充分必要条件是：

(1) $S\cap T=\varnothing$；

(2) $S\cup T\neq\varnothing$；

(3) $F\subseteq S\times T\cup T\times F$；

(4) $dom(F)\cup cod(F)=S\cup T$。

其中 dom(F)和 cod(F)分别为 F 的定义域和值域。S 和 T 分别称为 N 的库所(Place)集和变迁(Transition)集，F 为流关系。

上述定义说明：

(1) 库所变迁是两类不同的元素；

(2) 网中至少有一个元素；

(3) 变迁只能与库所相连，库所只能与变迁相连；

(4) 网中不能有孤立元素。

有向网是系统的结构框架，活动在框架上的是系统中流动的资源。从网到网系统的过程必须指明资源的初始分布，规定框架上的活动规则，即库所容量和变迁与资源之间的数量关系。

六元组 $\sum=(S,T;F,K,W,M_0)$ 构成网系统的条件是：

(1) N=(S,T;F)构成有向网，称为基网；

(2) K,W,M 依次为 N 上的容量函数、权函数和标识，M_0 为初始标识。

图 3-3 为网系统的一个简单示例。图中 S_元(库所)和 T_元(变迁)分别用圆圈和长方形表示。该网系统由三个库所(S1、S2、S3)、一个变迁(t)组成，库所和变迁通过有向弧连接。

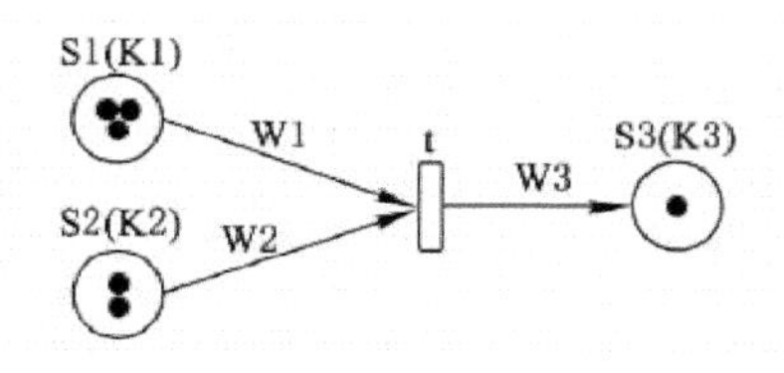

图 3-3　网系统示例图

图 3-3 所示的网系统中各元素含义如表 3-2 所示。

表 3-2　　Petri 网元素含义

标识	名称	含义	实例
○	库所(place)	Petri 网中的 S_元	S1,S2,S3
▯	变迁(transition)	Petri 网中的 T_元	t
→	弧(arc)	Petri 网中资源流动的方向	(S1,t),(S2,t),(S3,t)
●	托肯(token)	库所中的资源	—
K	容量函数	库所中所能容纳的 token 数	K1,K2,K3
W	权函数	变迁发生时该弧上所流动的资源数量	W1,W2,W3
M	标识	系统中的资源分布	M={3,2,1}

以上给出了 Petri 网的静态特征,Petri 网的动态行为是通过标识变化反映出来的,标识变化遵循一定的规则——变迁规则,变迁规则包括以下两部分:

1. 变迁发生条件:

(1) 每个输入库所中的 token 数>=相应弧上的权值;

(2) 每个输出库所中已有的 token 数+相应弧上的权值都<=该库所的容量。

2. 变迁发生结果:

(1) 每个输入库所中减少相应 token;

(2) 每个输出库所中增加相应 token。

由于 Petri 网能够很好地描述离散事件系统,而间歇过程本身非常类似于一个离散事件系统,因此目前应用 Petri 网来进行间歇生产过程的建模已得到广泛应用。

3.3.2 Petri 网基与 SDG 的结合

对于石油化工等流程工业的系统安全事故,可以用图 3-4 所示的事件链来说明事故的发生、发展和爆发过程。

过程系统中事故的生命周期一般要经历图中所示的三个阶段:事件触发阶段、危险蔓延阶段与事故发生阶段。事故通常由一些非正常事件触发(如一次阀门误操作),如果条件适当,则引起过程系统中某一过程变量(即初始节点,如与阀门相关的流量)发生偏差。该偏差将沿着系统中的影响关系网络进行危险的蔓延(在蔓延过程中,同样也可能需要满足一定的前置条件)。当该偏差遇到系统内部的薄弱环节时(实现节点,如某罐的液位),在条件许可的情况下即发生可见的事故(如液位超高,导致危险化学品溢出)。

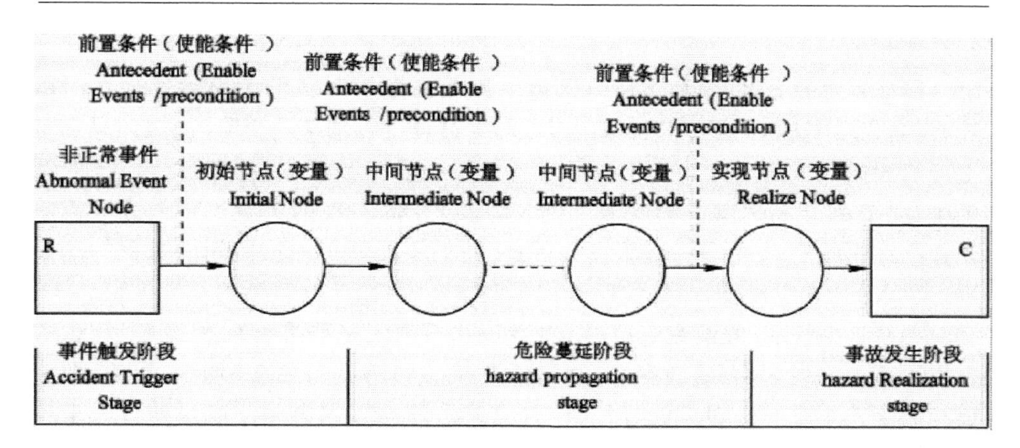

图 3-4　事故发生机理

在图 3-4 显示的事故生命周期中，是以事故的发展阶段作为划分依据。在危险蔓延阶段，危险在整个系统的影响关系网络中传播，正是 SDG 模型表达能力最擅长的阶段。而在事件触发阶段，系统将经历一系列状态迁移和多因素交互，因此本阶段可以借鉴 Petri 网模型进行建模。

此外，在连续过程的开、停车阶段及间歇过程的整个生产过程中，系统内部影响关系模型(SDG 模型)也不一定是完全静态的，有可能是一个动态变化的模型。但是，其基本元素节点(即系统过程变量)并不会变化。对于动态变化的适应，可以对 SDG 模型中的支路引入有效性规则，在适当的时候激活或失活某些影响关系。

通过以上事故生命周期的分析，将完整的过程划分为相对静态与相对动态的两部分分开处理，分别使用 SDG 与 Petri 网进行建模，有利于两种方法发挥各自的优势。

模型分两部分，其中 Petri 网部分用来表示过程所处的状态，从而表达了间歇过程的离散事件特性；模型的 SDG 部分在原有方法的基础上，增加了新的图形元素，使推理结果更加完善。针对上两节中对现有 SDG 和 Petri 网模型缺点的分析，新模型的改进主要体现在以下几个方面：

(1) 动态 SDG 模型

在连续系统中，系统在运行阶段流程固定，设备的使用方式单一，所以在进行 HAZOP 分析时，只要根据管路设备流程图(PID)，就可以得到设备的操作情况，各工艺变量间的影响关系也是固定的。但在对间歇过程进行 HAZOP 分析时，PID 图并不能充分表达间歇过程的生产信息，因为间歇过程中设备的使用是变化的，且由于过程本身具有非连续性、非稳态性，变量之间的影响关系也是随时间变化的。

图 3-2 中的 SDG 模型之所以分散是因为在建模时我们考虑到危险在间歇过程的操作中被截断了。而事实上，当间歇过程进行到某一个阶段时，如果它与上一阶段的联系由于人为失误或者设备故障而没有被切断，例如前面所举的例子中，如果 A 出料时其进料阀卡死或人为误开，那么 A 的进料流量大这一偏差就会继续影响到 A 的下一级设备。因此，我们不能简单地按照间歇过程的阶段进行分段的 SDG 建模，而是按照流程最基本的原理，建立整体的机理模型。

如图 3-5 所示，假设在工厂建立之初，并不确定将要进行何种操作，那么从根本原理上来说，只要管道存在，管道所联接的两端就是存在影响关系的，即管道和影响关系是一一对应的，而这种对应关系的有无则由阀门或泵的开关来控制。因为泵和阀在间歇过程中都是可以操作的，因此统一将其称为操作点。

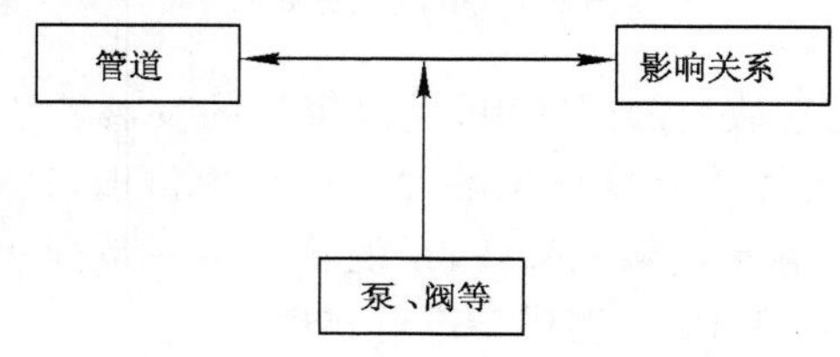

图 3-5　影响关系存在的条件

动态 SDG 模型就是在这个原理的基础上建立的。只要设备间有管道相连，那么在 SDG 建模时设备的相关变量间就应该有一条影响关系（对应 SDG 中的支路），但这种影响关系是有条件的，只有当相应操作点处于工作状态时该影响关系才存在。这样，最终得到的是一张整体的 SDG 图。在推理过程中，首先检查控制该影响关系的操作点状态，若为非工作状态，则该影响关系标记为“disabled”，不再沿此路径进行推理；反之，若该操作点处于工作状态，则该影响关系标记为“enabled”，继续沿此路径进行推理，重复此过程直至推至某一后果节点。

在系统所处的不同阶段，操作点状态组合不同，处于“enabled”状态的影响关系也不同，那么推理所使用的 SDG 模型也就不同，因此称之为动态 SDG 模型。

(2) Petri 网推动 SDG

由于单纯的 SDG 模型无法表达间歇过程的操作顺序，因此将 Petri 网引入到 SDG 模型中来，用 Petri 网来引入与顺序相关的错误信息，而设备本身的故障则仍在 SDG 中引入。推理时采用 Petri 网推动 SDG 的方法，主要分如下几个步骤：

第一步：建立 Petri 网和 SDG 模型，其中 Petri 网中代表操作点的库所和 SDG 中的支路相对应，用库所的状态控制支路的有效性。而 Petri 网中的阈值（状态转换条件）则与 SDG 中相应的过程变量，如温度、压力、液位等相对应。

第二步：根据操作手册等资料，列出正常操作过程中所有可能的阀门状态组合及其对应的系统状态并存入知识库中。

第三步：在 Petri 网中给出一个错误的初始状态，开始推理，下面是推理过程的伪代码：

```
if  Petri 网中操作点状态组合与库中不符
    then  以 Petri 网中表示系统状态的库所为标准，找出故障阀门
    and  拉偏 SDG 中对应变量，进行推理
    Petri 网前进一步，继续比较
……
直到 Petri 网推理完毕。
```

由于操作顺序错误，即阀门先开或后开也能在操作点的状态组合错误中表现出来，因此这样的推理过程就解决了单纯的 SDG 无法表示操作顺序的问题。

(3) 在 SDG 中引入“与”节点

由于传统的 SDG 中没有表示“与”关系的图形符号，所有可能的相容通路及原因之间都是“或”关系，因此这样的模型只能进行单原因推理。在改进的 SDG 中，通过加入代表“与”关系的图形元素，并为其定义相应的推理方式，就可以进行多原因所引起的事故的推理。

通过以上三点改进，所建立的模型就可以解决传统 SDG 模型所存在的三个问题，因此也就可以进行间歇过程的计算机辅助 HAZOP 分析。

3.3.3　改进模型图形元素定义

在传统的三级 SDG 模型图中，参数节点代表过程工业中的工艺变量，而支路代表与它相连的两个变量存在影响关系，并且关系的方向与箭头所指方向一致。支路的线型代表了影响关系的类型。例如，某冷凝器的液位受多个变量影响，其中冷凝器的出口流量对液位的影响是减量关系，即冷凝器出口流量增加会导致冷凝器液位降低，则这两个变量之间影响关系的 SDG 图可如图 3-6 所示。

图 3-6　传统 SDG 模型

为了进行安全分析，必须将非正常的原因与不利的后果的信息添加入 SDG 模型中。因此，传统的 SDG 还引入了两类新节点，一类是非正常原因节点，另一类是不利后果节点。它们在 SDG 图上以矩形表示，非正常原因节点在矩形的左上角显示“R”，代表原因(Reason)，而不利后果节点在矩形的右上角显示“C”，代表后果(Consequence)，如图 3-7 所示。

图 3-7　带 R 和 C 的 SDG 图

正如这两个节点的名称表示的那样，非正常原因节点(简称原因节点)专用于管理会导致危险的原因，比如阀门误开大、管道阻塞等；不利后果节点(简称后果节点)专用于管理系统产生的后果，比如泄漏、爆炸等。

原因节点与后果节点单独存在时，没有任何物理意义。当它们与某一个过程变量相连时，就代表了该变量的非正常原因与不利后果的清单。由于原因节点保存了导致危险的原因列表，所以它与过程变量相连时，方向必须是从原因节点指向过程变量节点。同理，后果节点与过程变量相连时，方向必须是过程变量节点指向后果节点。

需要注意的一点是，在原因或后果节点中所罗列的原因与后果，除特殊情况外，均是与之相连的变量节点的直接原因与直接后果。也就是说，在建模时只需罗列出某个过程变量它自己的直接原因或直接后果即可。这些非正常原因与不利后果的信息，由于都是与某个设备直接相关，所以在搜索资料时比较容易。

此外，考虑到对应一类过程变量的原因与后果数量比较多，所以将这些原因后果以列表的方式保存在原因节点与后果节点中，而不是每一个原因或后果就对应一个节点。而且，列表支持前后顺序的改变，可以定义列表的顺序为危险程度的表征，以区分原因或后果的严重与轻微。

引入原因与后果节点的好处是可以复用常见的非正常原因与不利后果。比如，对于同一类阀门的非正常原因集合，就可以只画一个原因节点，将非正常原因以列表的方式保存其中。然后将这一个原因节点与 SDG 图中相邻的所有同类型阀门节点相连。这样，比起把这些相同的数据重复地放在每一个阀门节点相比，不仅节省了存储空间，还减轻了对原因或后果列表的维护量。

综上所述，传统的 SDG 模型主要包含三类模型元素：即变量节点、原因节点和后果节点，其中变量节点又根据是否有直接后果而划分为关键变量节点和传播变量节点。为了表示各节点间的影响关系，还必须用支路将各节点联接起来。

各模型元素符号及意义在表 3-3 中说明。

表 3-3　　　传统 SDG 模型元素

类型	名称	图形符号	含义
节点	原因节点	R	引起变量发生偏差的非正常原因
	后果节点	C	变量发生偏差后导致的不利后果
	变量节点　关键变量节点	○	单元模块中最关键的过程变量
	变量节点　传播变量节点	○	传播危险的节点
支路	正影响关系	→	前节点增大，后节点也增大
	负影响关系	→	前节点增大，后节点也减小

其中，R 中有两类非正常原因，一类是会引起相连变量发生正偏差的原因，将其记为 R，例如图 3-7 中与冷凝器出口流量相连的 R 中，出口阀门误开大；另一类是会引起相连变量发生负偏差的原因，将其记为－R，例如图 3-7 中与冷凝器出口流量相连的 R 中，出口阀门误关小。

相应地，C 中也有两类不利后果，一类是相连变量发生正偏差的后果，记为 C，例如图 3-7 中与冷凝器液位相连的 C 中，液位过高导致冷凝器溢出；另一类是相连变量发生负偏差的后果，记为－C，例如图 3-7 中与冷凝器液位相连的 C 中，液位过低，产品产量不足。

为了对改进后的模型加以实现，在传统 SDG 图形元素的基础上，新增了表示“与”关系的图形元素。此外，在模型的 Petri 网部分，将 Petri 网的库所分为三类：系统状态库所、条件库所及操作点库所，为了引入 HAZOP 分析所需要的偏差，还引入了静态测试弧，变迁发生前后，该弧对应库所状态不变。新增元素及其含义如表 3-4 所示。

对表 3-4 作如下两点说明：

(1) Petri 网的条件库所具有特殊性，一旦条件库所中出现 token(即条件为真)，则对应的变迁就有发生权。条件的成立与否受系统所处的状态及时钟控制，因此条件库所没有前向变迁与其相连。

(2) Petri 网中的测试弧用来引入故障，比如某阀门卡死，无法关闭或人为误开时，将其后的弧设为测试弧，则其后的变迁发生时，该库所中仍具有 token。而如果某阀门无法打开或人为误关，则将其前面的弧设为测试弧，当前向变迁发生时，库所中不增加 token。

表 3-4 新增模型元素

划分	类型	名称	图形符号	含义
Petri网部分	库所(place)	系统状态库所		标识系统所处的状态
		条件库所		状态变迁阈值条件
		操作点库所		操作点所处状态
	变迁(transition)	普通变迁		库所之间状态的迁移
	弧(arc)	普通弧		故障状态传播的方向
		测试弧		变迁发生前后，其相连库所状态不变
SDG部分	节点	与节点	&	与关系

3.4 改进的 SDG－HAZOP 分析方法

3.4.1 整体分析流程

由于 SDG 和 Petri 网模型均属于定性模型，随意性较大。为了保证建模质量和过程的全面性，在实际工程项目中，必须建立一套系统的建模过程。该过程共分七阶段，以迭代方式进行，如图 3-8 所示。

第一阶段：熟悉流程，划分系统。

第一阶段工作主要依据现场 PID 图进行。依据流程功能，将系统划分为相对比较独立的几个子系统。在熟悉流程过程中，要求工程人员必须依据物质流、能量流和信息流三个方面有重点地分析流程。

第二阶段：安全信息收集汇总和文档建立。

依据设备类型，将生产中相关的设备参数、操作点、反应情况等资料进行汇总收集。为了使这部分工作系统化，还要建立相应的文档。主要的目的是为了将评价所需要的相关信息规范化，为后续建模和评价提供数据上的支持。

第三阶段：模型的建立。

对每个子系统，分别建立相应的 SDG 模型和 Petri 网模型。在模型构建过程中，需要从物质、能量的平衡角度，考虑子系统与外界的交换。具体建模过程将在 3.4.2 节中作详细说明。

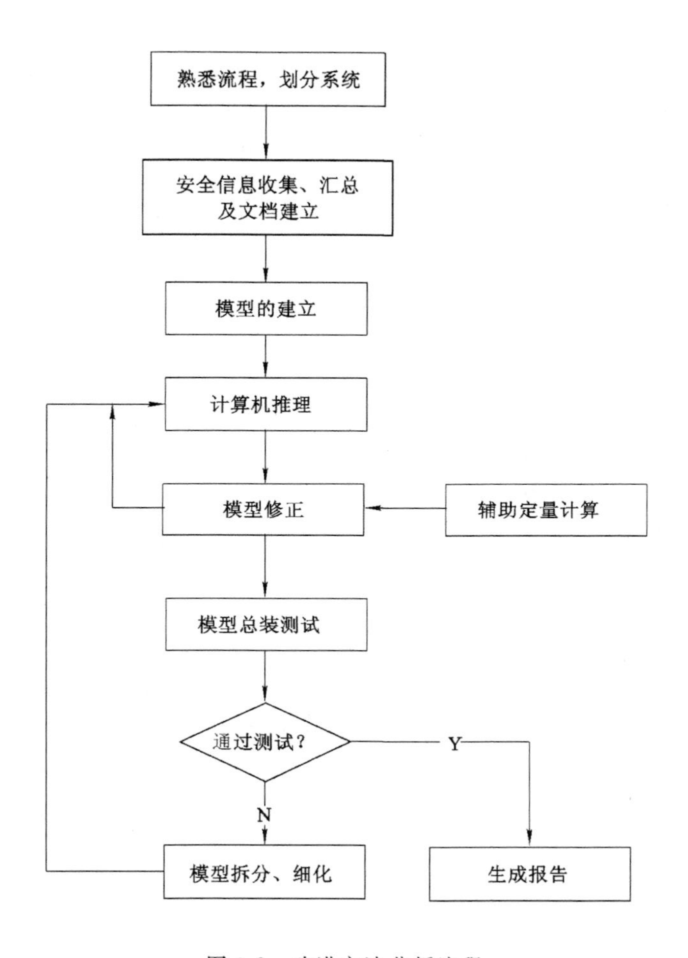

图 3-8　改进方法分析流程

第四阶段:计算机推理和模型修正。

对所构建的各子系统模型进行推理,查看所得到的结论并进行相应的修正。这是一个反复进行的过程,在每一次修正后,都需要进行即时推理来验证。在需要时,还要进行一些基于平衡的定量计算。总之,需要在模型总装之前,确保每一个子系统本身的结论是合理的。

第五阶段:模型总装测试。

在确保各个子系统的模型合理的基础上,将分模型总装成所分析过程的整体模型。总装过程中,可以对子系统的模型作一定的简化,将子系统模型推理的一些结论合并到单个节点中,以减少相容通路的数量。

第六阶段：模型细化。

由于在子系统模型构建过程中，仅考虑了本系统内部各变量的影响关系。当组装成总模型后，各个子系统间的影响关系开始被考虑。如果在测试过程中，发现有子系统间的关联关系未正确表达时，需要在该阶段进行进一步细化和修正。对于涉及的每一个子系统，都需要重新进行该系统内的模型修正、推理过程。

第七阶段：生成报告。

在完成总装测试后，可以利用相关软件自动生成 HAZOP 分析报告。

3.4.2 建模步骤

在对系统建模过程中，需要遵循以下的步骤进行：

第一步：将子系统划分为若干单元模块。

根据功能、控制系统、物料等，将每个子系统进一步划分成多个设备级单元模块。采取模块化的思想，将复杂的工艺分解为若干简单的单元，针对单元建模可以大大简化建模过程。

第二步：建立 Petri 网模型。

（1）建立基本框架

根据间歇过程的操作手册，列写操作过程中可能出现的所有系统状态，并将这些系统状态通过变迁连接起来，形成基本的 Petri 网框架。

（2）引入操作点库所

将每个变迁与相关的操作点库所相连。其中，变迁发生后将关闭的操作点列为该变迁的前向库所，该变迁发生后打开的操作点列为该变迁的后续库所。

（3）添加条件库所

确定各个状态间的转换条件，将其用 Petri 网中的条件库所表示出来，并与相关变迁相连。

这样，一个完整的 Petri 网模型就建立了。

第三步：填写操作点状态组合表。

对应 Petri 网中的每个系统状态，将当前状态下所有操作点的正确状态组合填入状态组合表，并列出状态转换条件，以图 3-1 中的干灰脱除系统为例，其操作点（本例中的操作点只有阀门）状态组合表如表 3-5 所示。其中，“0”代表相应操作点处关闭状态，“1”代表该操作点处于打开状态。

第四步：建立 SDG 模型。

SDG 模型的建立方法如 2.3.5 节所述。

表 3-5　　操作点状态组合

状态＼操作点	XV－2	XV－3	XV－4	XV－5	XV－6	XV－7	XV－8	XV－9	XV－10	转换条件
V1 卸灰	1	1	0	0	0	0	1	1	0	LS－04H
V2 卸压	0	0	0	1	0	0	0	0	0	PIS－06LLL
V2 卸灰	0	0	0	0	1	1	0	0	0	LS－03L
V2 充压	0	0	1	0	0	0	0	0	0	PdIS－08H
V1、V2 均压	0	0	0	0	0	0	0	0	1	PdIS－08NL/NH

3.4.3　改进模型示例

以图 3-1 中的干灰脱除流程为例，其对应的改进 SDG 模型如图 3-9 所示。

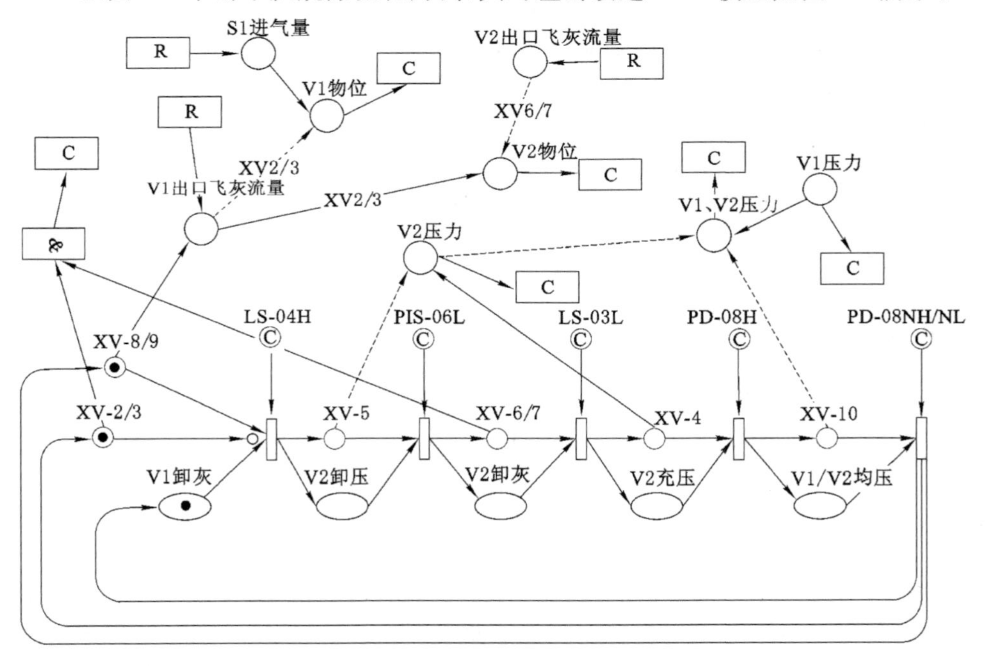

图 3-9　干灰脱除工序改进 SDG 模型

为了便于查看，将 SDG 支路的使能条件在图上标识出来。从图中可以看出，该模型的 SDG 和 Petri 网两部分并无严格区分，二者有交互部分，如“XV－8/9 －> V1 出口飞灰流量”，其中 XV－8/9 为 Petri 网中的操作点库所，而 V1 出口飞灰流量则为 SDG 中的工艺变量节点，二者间的影响关系与 SDG 的支路定义类似，其含义为“当 XV－8/9 打开时，V1 出口飞灰含量增大”。而 SDG 中定义的与关系节点也可以与 Petri 网中的库所相连，如“XV－2/3 & XV－6/7 －> C”，其中 C 中内容为“V2 下游罐超压爆炸”，则此路径含义为“当 XV－2/3 与 XV－6/7 同时打开时 V2 下游罐超压爆炸”。

图 3-9 中与库所 XV－2/3 相连的测试弧表示此时 XV－2/3 处于故障开状态(包括阀门自身故障开和人为误开)，当 LS－04 出现高信号时，应关闭 XV－2/3，进入 V2 卸压阶段，但由于该弧为测试弧，则推理时其后的变迁发生后代表 XV－2/3 的库所中仍存在 token，即该阀门仍处于打开状态。

3.4.4 改进模型优点

新模型与传统的 SDG 模型相比主要有如下几方面的改进：

(1) 增加了“与”节点，与节点即可以与 SDG 中的变量节点相连，也可以与 Petri 网中的库所相连，用来表示多原因所引起的后果。

(2) SDG 支路由传统的静态支路改变为动态支路，每条支路有一个 enabled 属性，该属性与 Petri 网中的某个操作点库所相关联，当操作点中存在 token(代表阀门或泵处于打开状态)时，该支路有效，记为 branch. enabled＝TRUE，反之，branch. enabled＝FALSE。

以图 3-10 为例说明改进前后 SDG 模型的差别。

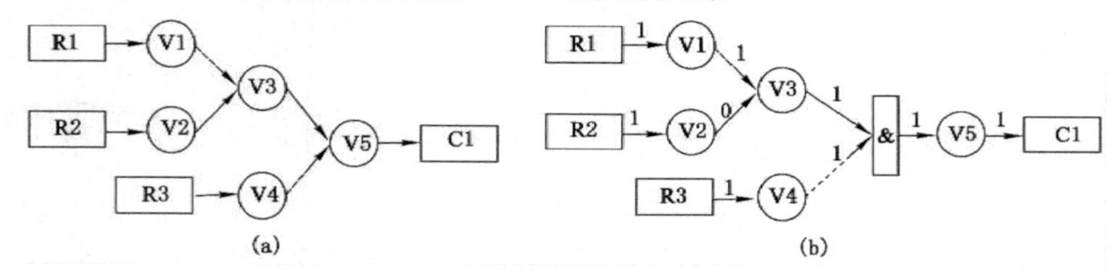

图 3-10 改进前后的 SDG 模型对比

(a) 传统 SDG；(b) 改进后的 SDG

为了图形的直观性，在图 3-10(b)中将支路的 enabled 属性用“0”和“1”标示出来，其中“0”代表支路无效，“1”代表支路有效。对图 3-10(a)的传统模型进行拉偏，假设变量 V5 发生正偏差，则前向搜索非正常原因所得到的结果为：

＋V5 <－ ＋V3 或－V4 <－(－V1 或＋V2)或－ R3<－ －R1 或 R2 或 －R3

正向寻找 V5 发生正偏差的不利后果，得到：

＋V5 －>＋ C1

将二者组合可以得到结论：－R1＋R2－R3 －> C1，即－R1(即 R1 中对 V1 起负影响关系的部分)、R2 及 R3(R3 中对 V4 起负影响关系的部分)中任何一个非正常原因发生，C1 都可能发生。

对图 3-10(b)中改进的模型进行拉偏，同样假设 V5 发生正偏差，前向搜索非正常原因：

＋V5 ＜－ ＋V3 且－V4

推理至此处时，由于连接 V2 与 V3 的支路 enabled 属性为 0，因此此条支路无效，沿 V1 至 V3 的支路继续反向搜索。

＋V3 且－V4 ＜－ －V1 且－ R3 ＜－－R1 且－R3

正向寻找 V5 发生正偏差的不利后果，同样得到：

＋V5 －＞＋ C1

此时推理的结论为：－R1 且－R3 －＞ C1，即在系统的当前状态下，只有－R1 和－R3 同时发生时 C1 才可能发生。

将两次推理的结果进行比较可以得到，改进的 SDG 模型可以去掉传统模型中的一些伪相容通路，同时能进行多原因推理。

(3) 通过增加 Petri 网节点，改进模型能够表示间歇过程 HAZOP 分析中有关人为误操作相关的信息。

阀门的操作顺序错误最终是通过阀门状态错误体现出来的，而阀门状态错误则将导致相关的工艺变量发生偏差。改进模型通过引入错误的阀门状态，并与知识库中的标准状态组合相比较，进而拉偏 SDG 中的相关变量节点，就可以表示出“早于”“晚于”“先”“后”这类与阀门操作顺序相关的 HAZOP 引导词。

第4章 间歇过程SDG模型推理规则

针对间歇过程的改进 HAZOP 分析模型由 Petri 网和 SDG 两大部分组成，内部推理时遵循其各自的推理规则，涉及二者的交互时则需定义整体模型的推理规则，本章将分别对 Petri 网推理规则、SDG 推理规则及改进后的整体模型的推理规则进行介绍。

4.1 Petri 网推理规则

4.1.1 传统 Petri 网推理过程

设 $\sum=(S,T;F,K,W,M_0)$ 为网系统，令 $S=\{s1,s2,s3,\cdots,sn\}$，$T=\{t1,t2,t3,\cdots,tn\}$，即所有库所和变迁均是排好顺序的。则定义：

（1）以库所集 S 为序标集的列向量 V：S—＞Z 叫作 $\sum$ 的 S_ 向量，其中 Z 是整数集。

（2）以变迁集 T 为序标集的列向量 U：T —＞ Z 叫作 $\sum$ 的 T_ 向量。

（3）以 S×T 为序标集的矩阵 C：S×T —＞ Z 叫作 $\sum$ 的关联矩阵，其矩阵元素

$$c(si,tj)=w(tj,si)-w(si,tj) \tag{4-1}$$

对任何 si，tj，w(tj，si) 和 w(si，tj) 至少有一个为 0，所以关联矩阵是对基网（连同权函数）的准确描述。

设 M_0 为 $\sum$ 的初始标识，M 为 $\sum$ 在任一时刻的标识，α 是把 M_0 变为 M 的变迁序列，则有

$$M_0+C\cdot U=M \tag{4-2}$$

其中，U 是 $\sum$ 的 T_ 向量，对任意 ti∈T，U(ti)等于 ti 在 α 中出现的次数。

以图 4-1(a)中的网系统为例，其对应的关联矩阵如图 4-1(b)所示，由于 s0 到 t1 间有弧连接，即 w(t1，s0)＝0，w(s0，t1)＝1，则 c(s0，t1)＝ w(t1，s0) －w(s0，t1)＝－1，矩阵的其他元素都可以通过此计算得到。

由图 4-1(a)可以看出此时该网系统的初始标识 M_0＝(1，1，1，0，0，0，0，0，0，

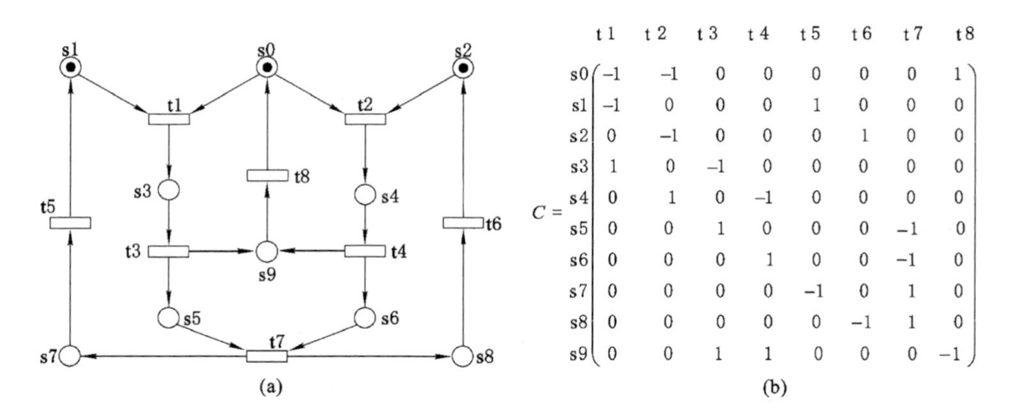

图 4-1　网系统及其关联矩阵

(a) 网系统；(b) 关联矩阵

$0)^{T}$，此时 t1，t2 不能同时发生，因为它们各需要 s0 中的一个 token，而 s0 中只有一个 token，是它们共享的，这就是由资源共享所引起的冲突。而解决冲突的办法是由环境提供信息，决定谁可以占用共享的资源，这里的环境可以是系统的管理程序，也可以是系统管理员。

假设令 t1 先发生，则 s0，s1 失去一个 token 而 s3 得到一个 token。初始标识 M_0 变为 s2 和 s3 各有一个 token 的标识 M_1，$M_1=(0,0,1,1,0,0,0,0,0,0)^{T}$ 称为 M_0 的后继标识(successor marking)。此时，在 M_0 不能发生的 t3 有了发生权，t3 发生后，s3 失去 token 而 s5 和 s9 各得到一个 token，这就是后继标识 $M_2=(0,0,1,0,0,1,0,0,0,1)^{T}$。此时，已发生的变迁序列 $\alpha=$t1t3，则该网系统的 T_向量 $U=(1,0,1,0,0,0,0,0)^{T}$。用矩阵乘法验证可知 $M_0+C\cdot U=M_2$ 成立。

$M_0+C\cdot U=M$ 称为网系统的状态方程。

有了状态方程的定义以后，传统 Petri 网的推理可以分如下几步进行：

(1) 给定一个初始的 token 分布，即产生一个初始标识 M_0。

(2) 扫描在当前标识下所有具有发生权的变迁集，将具有发生权的变迁 ti，tj，……tn 对应的 T_向量 U 中的元素置数值+1。

(3) 用状态方程 $M_0+C\cdot U=M_1$ 计算 M_0 的下一个标识 M_1。

(4) 重复第 2 步，计算 M_1 的下一个标识 M_2，$M_2=M_0+C\cdot U$。

(5) 重复第 4 步，依次计算 M_3，M_4，……，M_n，……，直到某一步计算得到的标识 M 等于初始标识 M_0，推理结束。

4.1.2　改进 Petri 网推理规则

Petri 的优点就是能够根据 token 的分布自动标识系统所处的状态，因此，为了使用改进 Petri 网模型进行推理，首先要明确定义库所在不同状态下所代表的含义，如表 4-1 所示。

表 4-1　　库所含义

库所类型	状态		图形符号	含义
系统状态库所	无 token			系统不处于该库所所表示的状态
	有 token			系统处于该库所所表示的状态
条件库所	无 token			该库所所描述的条件不成立
	有 token			该库所所描述的条件成立
操作点库所	正常状态	无 token		该操作点不处于工作状态
		有 token		该操作点处于工作状态
	故障状态			该操作点故障关
				该操作点故障开

这里，对每类库所而言都有：容量 K≡1，即每个 S_元只有“有 token”和“无 token”两种状态，因而可以理解为只有“真”与“不真”两种状态的布尔变量。同时，规定每个弧上的权函数 W≡1，即当变迁发生时，弧上流动的资源数量恒为 1。

以上给出了改进 Petri 网的静态特征，只要再定义变迁发生的条件和后果，网系统的定义就完整了。传统的 Petri 网对所有库所的定义都是相同的，因此变迁规则是通用的。对于任意库所而言，如果为某具有发生权的变迁的前向库所，则变迁发生后，它将减少相应 token；如果为该变迁的后续库所，则变迁发生后，它将增加相应 token。

由于对库所进行了重新定义，必须重新定义相应的变迁规则（transition rule），才能进行推理，新的变迁规则如下：

（1）变迁发生条件

① 如果变迁的输入库所中包含条件库所，则其发生条件为该变迁所对应的条件库所中含有 token，即条件一旦达到，变迁立即发生；若该变迁的输入库所中没有条件库所，则变迁发生条件与传统 Petri 网相同，即只有改变前的所有输

入库所中都含有 token 时，变迁才可以发生；

② 该变迁的输出库所中，状态库所不含 token，操作点库所可以含有 token，也可以不含 token。

（2）变迁发生结果

① 该变迁的输入库所中如果有操作点库所，且该操作点处于故障开状态（即该库所通过测试弧与变迁相连），则变迁发生后，该库所中仍含有 token，对于变迁的正常输入库所，变迁发生后库所中将不具有 token；

② 该变迁的输出库所中如果有操作点库所，且该操作点状态为故障关（即该库所通过测试弧与变迁相连），则变迁发生后，该库所中仍无 token，对于变迁的正常输出库所，变迁发生后库所中将具有一个 token。

表 4-2 对各种不同情况下变迁发生前后网系统的状态变化作出了具体说明。

表 4-2　　变迁的发生

变迁发生前	变迁发生后
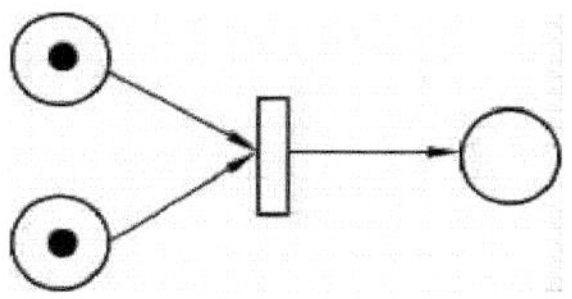	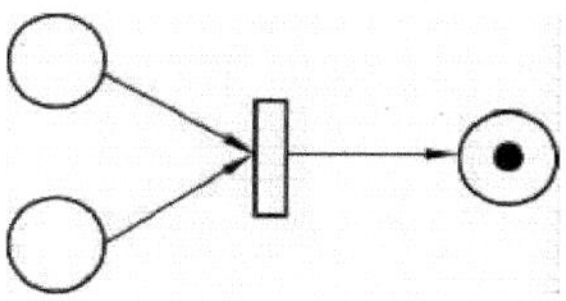
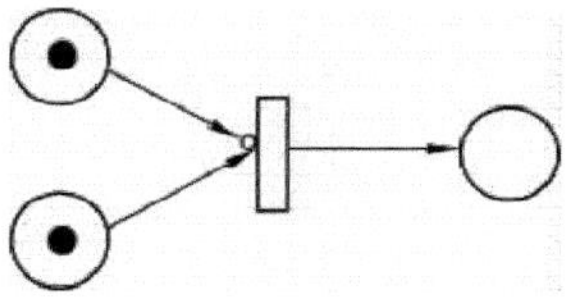	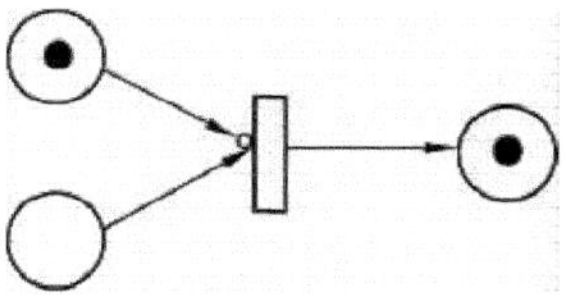
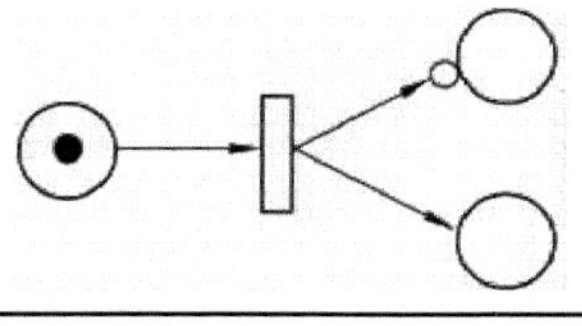	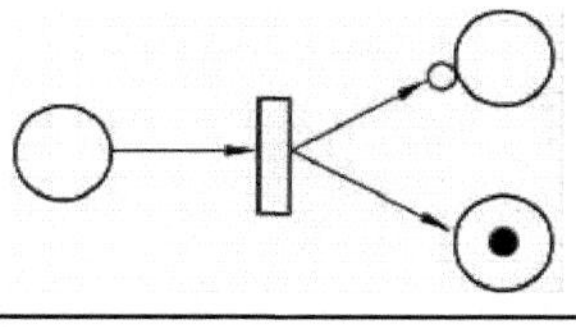

4.1.3　偏差的引入

传统的 SDG 模型中，所有可能的非正常原因都记录在 R 节点中，通过对其相应的变量节点进行拉偏就可以引入相应的偏差，进行推理。改进的 SDG 模型中，偏差将分两部分引入。

（1）所有由人为误操作及部分由设备失效所引起的偏差从 Petri 网中引入。在连续系统中，只需分析当关键节点（变量）出现偏差时，产生该偏差的非正常原因及所导致的不利后果即可,人对连续生产过程的操作只体现在过程控制、过程监视及故障诊断。而在间歇过程中,由于人在对间歇生产过程的操作起着主要作用,各个设备的开停车、操作顺序及物料添加、等待时间等很容易出现操作失误,因此,在对间歇过程进行 HAZOP 分析时,必须要加入操作失误的分析。由于改进的模型中与操作相关的信息都在 Petri 网中体现,因此偏差也同样由 Petri 网中引入。通过在 Petri 网中设置操作点的故障状态(故障开或故障关),这种故障可能是由设备本身引起的,比如阀门卡死,也有可能是由人为误操作引起的,比如某个阀门或泵被人为误开等。给定错误的初始状态,同时对 SDG 中相应的变量进行拉偏,就可以正向寻找该偏差可能导致的不利后果。

(2) 其他一些由设备失效及环境因素等所导致的偏差仍然由 SDG 模型中引入。对于管道或设备泄漏、环境温度过高及工艺波动等非正常原因,仍记录在 SDG 模型的 R 节点中,通过相关变量的拉偏来引入。

4.1.4 冲突和并发的解决

在 4.1.1 传统 Petri 网的建模过程中,每一步都要扫描出所有具有发生权的变迁,并令其同时发生或按某种顺序发生,变迁间的关系主要有以下几种[41]:

(1) 顺序。如图 4-2(a)所示,p1 中包含一个 token,变迁 t1 发生,p1 中的 token 移到 p2 中,导致 t2 发生,p2 中的 token 移到 p3 中,也就是 p1、p2 和 p3 按照在图中出现的顺序执行。

(2) 并发。在 Petri 网模型中,两个具备条件并且互不影响的事件可以独立发生。如图 4-2(b)所示,变迁 t1 发生,p1 中失去一个 token,p2 和 p3 同时各取得一个 token。这时变迁 t2 、t3 都可以发生,且互不影响,网论中称这种现象为并发。

(3) 冲突。如果两个变迁至少共享一个输入库所,则两个变迁在结构上冲突。如图 4-2(c)所示,p1 中有一个 token,从这个给定的初始条件看,t1 和 t2 都能发生,但不能同时发生,因为它们共享 p1 中的一个资源,p2 和 p3 中只有一个能取得 token,也就是说变迁 t1 和 t2 是互相冲突的,只能在 t1 和 t2 中选择其中的一个执行,这种现象称为冲突。网论认为,需要从系统的环境中输入一位信息来决定冲突的双方谁发生。就系统本身而言,谁有优先权是不确定的,所以冲突又称选择(choice)和不确定(nodeterminism),也说它是决策之处。

(4) 冲撞。如图 4-2(d)所示,p1 和 p2 中都有 token,则按照变迁规则,t1 和 t2 都可以发生,但由于 p3 只能容纳一个 token,所以 p1 和 p2 不能同时发生,这种情况称为 t1 和 t2 在 p3 处有冲撞。

在使用 Petri 网模型进行推理时,顺序发生的变迁是不存在矛盾的,可以直接用计算机实现,而并发、冲突和冲撞三种情况必须采取措施解决。针对改进的

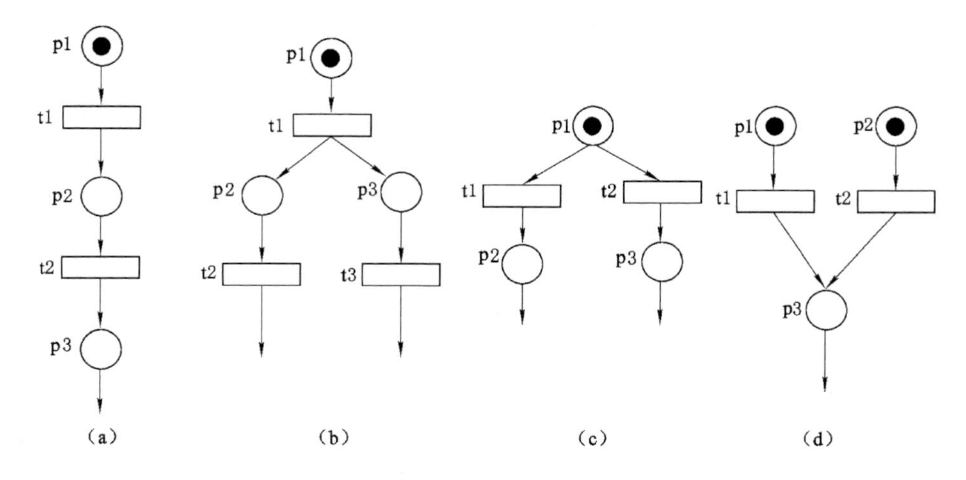

图 4-2　变迁间的基本关系

(a) 顺序;(b) 并发;(c) 冲突;(d) 冲撞

Petri 网模型,提出相应的解决方案如下:

(1) 并发的解决。在传统 Petri 网中,所有的库所、变迁和弧的定义都是相同的,因此可以很容易地通过关联矩阵将网系统表示出来,进而用状态方程来计算任意时刻网系统所处的状态,状态方程的每一次运算都相当于所有在当前时刻有发生权的变迁同时发生(并发)。然而在改进的 Petri 网模型中,库所被划分为系统状态库所、条件库所和操作点库所三类,它们与变迁间的关系无法用简单的 0 或 1 来表示,因此也无法再使用关联矩阵和状态方程来计算系统的状态。在使用计算机进行推理时,所有的变迁必须按照一定的顺序发生,变迁间的并发关系必须采取措施进行消除。通过阅读相关的文献,并发的解决通常有以下几种方式:

① 用户选择。即由用户决定哪个变迁先发生。这种方案在故障诊断中比较常用,因为操作工可以根据现场的数据确定变迁发生的顺序。而在 HAZOP 分析中,这样的数据无法得到,也就难以由用户选择变迁顺序。

② 随机数方法。即由计算机产生一组随机数与每个变迁相对应,各变迁按随机数的大小依次发生。

③ 优先级法。即建模时人为地为每个变迁设定一个优先级,出现并发时根据优先级的大小决定变迁的顺序。

④ 深度优先策略。即按深度优先搜索方法任选一个变迁令其发生。

⑤ 广度优先策略。即按广度优先搜索法,令处于同一个层次上的变迁依次发生。

由于现有的 SDG 推理方法采用的是深度优先策略，因此为了方便二者交互，Petri 网也使用深度优先策略进行推理，并发问题也同时得到了解决。

(2) 冲突的解决。传统的 Petri 网中弧上流动的是资源，因此当图 4-2(c)中两个后续库所 p2、p3 都需要使用 p1 中的资源时，就发生了冲突。冲突的常见解决方法也有随机数法、优先级法等。在改进的 Petri 网模型中，采用深度优先算法进行推理，可以在建模时定义优先级来解决冲突问题。

(3) 冲撞的解决。在传统 Petri 网中，库所有仓库的性质，token 代表某种资源，而库所容量则代表该仓库最多能盛放的资源数量。如图 4-2(d)中 p3 的容量 k=1，即 p3 中最多可以有一个 token，如果 t1 和 t2 同时发生，p3 中将有两个 token，超出其容量所以才会发生冲撞。而在改进的 Petri 网模型中，库所代表的是系统状态、操作点状态或是某种状态转换条件，这些都是没有容量限制的。在实际建模和推理过程中，只要库所有 token，则无论其前向变迁产生多少个 token，该库所中 token 数始终为 1，冲撞问题就得以解决了。

4.2 SDG 推理规则

4.2.1 传统 SDG 推理规则

目前基于 SDG 模型的 HAZOP 方法的研究工作，其目的并不是完全替代人工 HAZOP。因为专家的经验确实仍然发挥着不可替代的作用。当前的 SDG—HAZOP 方法，主要解决人工 HAZOP 中费时最长，同时也是最困难的潜在危险的查找，这一过程通过 SDG 推理来实现。

在进行 SDG 推理时，具体的做法有两种。

第一种方案：根据所研究系统中变量的重要性，挑出几个关键的变量作为原始偏离点，即假设在整个体系处于正常工况时，该点变量由于某种原因（如误操作）偏离了正常工况。根据这个偏离，推理过程分为两个方向：一个方向是从该原始偏离点开始正向沿支路箭头所指方向进行，另一个方向是以该原始偏离点开始逆着支路的方向进行。正向推理的目标是找到由原始偏离点的偏差所导致的所有不利后果（包括事故），而反向推理的目标是找到系统中能够导致我们设定的这个原始偏离点偏差的所有非正常原因（包括误操作、设备失效等）。

这种方案与人工 HAZOP 评价的推理过程完全相同。这个方案最大的缺点就是会导致大量的冗余通路出现。从数学模型上来看，过程系统是以若干个关键变量相连而成，围绕着这几个关键变量，大量的与之相关的其他变量连接到这几个关键变量上，呈高聚集态网络形式。如果把连接这几个关键的支路比喻为“主干线”的话，那么按这种方案进行 HAZOP 分析，实际上是罗列了所有非正常原因与不利后果的排列组合，且危险传播的相容通路绝大部分通过“主干线”。对于这种只是对原因与后果对的全排列，它分析所得到的结果，不仅后处理麻烦，而且所费机时相当大。尤其是当处理由多个工艺单元组成的全流程安全评价时，该问题更为突出。因此，提出了第二套方案。

第二套方案称为主危险分析法，即 MHA(Major Hazard Analysis)。在该方案中，仅针对有重大潜在危险的后果节点作为推理的开端，反向查找所有会导致这些危险的非正常原因。挑选与后果节点直接相连的变量节点作为原始偏离点，而不是从相容通路的中间节点开始查找，是因为这些节点对整个系统的安全与否起到决定作用。虽然其他的节点也会对系统造成影响，但这种影响不足以造成令人担忧的后果。所以将问题集中在关键变量上，可以使得问题的求解过程更加明确。所得到的结论都是比较重要的危险传播，大量次要的偏离传播已经被方法本身所消除了。所以对结论的处理也比较容易。此外，这种方案使得 SDG 的推理时间可以大大减少，意味着可以在现有的硬件水平上，处理更复杂的系统。

传统的 SDG－HAZOP 软件中，偏差是通过对所有与不利后果相连的节点进行拉偏来引入的，这类似于 MHA 中以重大潜在危险的后果节点作为推理的开端，但在偏差产生后，推理却仍然采用正反两向推理方式，反向寻找非正常原因，前向搜索不利后果。例如有一条由 R 到 C 的相容通路：R－＞var1－＞var2－＞…－＞varn－＞C，其中 var1，var2，…，varn 为 SDG 图中的变量节点，而 var1 与另一个不利后果 C1 相连，则在使用该模型进行计算机辅助 HAZOP 分析时会对 var1 进行拉偏，从而正向寻找到 var1 可能导致的不利后果 C 及对应的相容通路 R－＞var1－＞var2－＞…－＞varn－＞C，这一结果将保存在数据库中并在最终生成的 HAZOP 报表中显示；同样，由于 varn 也有一个不利后果节点 C 与其相连，分析时也会对它进行拉偏，相应的计算机推理结果同样有一条上述的由 R 至 C 的相容通路，并最终记录在 HAZOP 报表中。虽然推理的方向不同，但这两条分析结果的内容实际上是完全相同的，这就导致了最终生成的 HAZOP 报表中大量重复通路的存在，降低了 HAZOP 分析结果的可读性。

在改进的 HAZOP 分析方法中，为了满足安全分析的不同需求，仍对正反两向推理方式都进行定义，前向推理从 Petri 网中的故障状态和 SDG 中的 R 节点出发，正向搜索该原因可能导致的所有不利后果，反向推理从 SDG 中的 C 节点出发，反向寻找可能导致该后果的所有非正常原因及其组合。在实际应用过程中，可以自由选择使用何种推理方式，如果需要得到某个原因可能引起的不利后果，则可以使用前向推理，反之，则可以选择反向推理。这样的推理规则大大增加了软件的灵活性，在生成的 HAZOP 报表中，重复通路的数量也将大大降低。

4.2.2 改进 SDG 推理规则

改进模型的 SDG 模型与传统模型相比主要有两点改动：

(1) 增加了动态支路。通过为支路定义“enabled”属性，并用其值决定该支路是否有效，可以在不同时刻获得不同的 SDG 模型。

(2) 增加了“与”节点，用来进行多原因推理。

传统的 SDG－HAZOP 方法中，对某变量节点存在影响关系的所有相邻节点间都是“或”关系，因此最终所得到的所有相容通路两端的非正常原因 R 和不利后果 C 之间都是一对一的关系，即一个后果由一个原因导致。而在实际生产过程中，事故的发生通常是多个非正常原因共同作用的结果。例如 2005 年 3 月 23 日英国 BP 公司(英国石油公司，世界上最大的石油和石化集团公司之一)在美国德克萨斯城炼油厂的异构化装置爆炸事故，该事故的起因是液化石油气残液分离塔液位指示器故障，当液位超高时没有正确指示，通过加热，塔内液体温度不断升高导致液位急剧膨胀，溢出的液体不断通过紧急泄放阀排放入异构化单元另一端的放空罐中，导致放空罐液位超高，而放空罐上的液位超高报警器没有报警，最终，大量的蒸汽从放空罐顶端喷发出来，形成的易燃蒸汽云遇到环境中的火花发生了爆炸。在这一事故中，爆炸这一不利后果是由至少三个非正常原因导致的，即：分离塔液位指示器故障、放空罐液位超高报警器故障、环境明火。

虽然根据统计知识，多故障源同时发生的概率随着故障源数目的增多而减少，但 HAZOP 分析就必须找出所有可能的非正常原因和不利后果，只要可能性存在，相关的危险传播路径就应该被考虑到，因此在改进的模型中引入了“与”节点，用来进行多故障源分析。

以图 3-10(b)为例，说明改进 SDG 模型的推理过程。

(1) 前向推理：对变量 V1 进行拉偏，前向搜索不利后果。

第一步：V1－＞V3，该支路 branch. enabled＝1，则此影响关系有效；

第二步：V3－＞&，该支路同样有效，推理至与节点，此时必须检查与其相邻的支路是否有效；

第三步：回溯至 V4，检查 V4－＞&，该支路 branch. enabled＝1，影响关系存在；

第四步：继续回溯至 R3，检查 R3－＞V4，该影响关系仍然有效，即 R3－＞V4－＞& 是相容通路；

第五步：确认 V3 在与节点前的所有相邻节点都检查完毕(此例中 V3 的相邻节点只有 V4 一个)，记录 R1 和 R3 的与关系，继续推理。得到 &－＞V5－＞C1，推理结束。

本次推理得出的结论为：R1&R3－＞C1。

(2) 反向推理：对变量 V5 进行拉偏，反向寻找非正常原因。

第一步：V5＜－&，branch. enabled＝1，继续反向推理；

第二步：&＜－V3，branch. enabled＝1，继续反向推理；

第三步：V1＜－V3，同样有 branch. enabled＝1，得到一个非正常原因 R1。

第四步：V2＜－V3，branch. enabled＝0，此支路无效，不再继续沿此路径推理。

第五步：找到 V3 的相邻节点 V4，检查 V4－＞&，该支路 branch. enabled＝1，得到一个非正常原因 R3，由于 V3 与 V4 是与关系，因此由 V3 反向推理出的 R1 与 V4 反向推理出的 R3 也为与关系。

第六步：检查与节点的所有有效前节点都已反向推理完毕(此例中有效前节点为 V3、V4)，推理结束。

本次推理得到的结论为：C1＜－R1&R3。

若 V2－＞V3 的支路有效，则将得到结论 C1＜－(R1 或 R2)&R3＝(R1&R3)或(R2&R3)。通过引入动态支路，推理结果滤掉了 C1＜－R2&R3 这条相容通路，增加了模型的准确性，同时简化了推理结果。

4.3 改进模型整体推理规则

4.3.1 图的遍历

借助计算机来描绘图的问题，必须首先把图存储在计算机的内存中，然后再去访问图中的每个顶点的信息，图的访问也称为图的遍历[40]。图的遍历是从某个顶点出发，沿着某条搜索路径对图中所有顶点进行访问且只访问一次。然而，图的遍历比较复杂，因为图中任意顶点之间都可能有一条边相连，这就会导致在访问了某点之后，又顺着某条回路回到该点。为了避免顶点的重复访问，可设一个布尔变量 visited[1,…,n]，它的初始值为“假”，一旦访问了第 i 个节点，则置 visited[i]为“真”。

根据搜索路径的方法不同，图的遍历分为深度优先搜索遍历和广度优先搜索遍历。二者是最为重要的图的遍历方法，它们对无向图和有向图均适用。

假设给定图的初态是所有顶点均未被访问过，在图中任选一个顶点 v 作为源点，访问顶点 v，然后依次从 v 的未被访问的邻接点出发深度优先遍历图，直至图中所有和 v 有路径相通的顶点都被访问到。若此时图中尚有顶点未被访问，则另选图中一个未被访问的顶点作起始点，重复上述过程，直到图中所有顶点都被访问完为止。这种遍历方法被称为深度优先搜索遍历，若不给定图的存储结构,从某一顶点出发的深度优先搜索遍历序列可以有多种。

假设图的初态是所有顶点均未被访问过,在图中任选一个顶点 v 作为初始点,则首先访问顶点 v,接着访问与顶点 v 有边相连的所有邻接点 W1,W2 ,…,Wt ,然后再按顺序访问与 W1,W2 ,…,Wt 有边相连又未曾访问过的邻接点。依此类推,直至图中所有顶点都被访问完为止。这种遍历方法被称为广度优先搜索遍历,若不给定图的存储结构,从某一顶点出发的广度优先搜索遍历序列也可以有多种。

HAZOP 分析的过程就是从一个工艺变量的偏差出发,反向搜索,直至找出这个偏差的一个非正常原因,并重复此过程,直至找到这个偏差所有可能的非正常原因;同时进行前向搜索,直至找到这个偏差的一个不利后果,并重复此过程,直至找到这个偏差所有可能的不利后果,这一过程与深度优先的搜索方式完全契合,因此用于 HAZOP 分析的模型采用深度优先的方式进行前向和反向推理。

4.3.2 前向推理规则

改进模型的前向推理使用 Petri 网推动 SDG 的方式,将误操作及部分设备失效(阀门卡死、控制器失效等)所导致的偏差由 Petri 网中引入,通过设置 Petri 网中操作点节点的故障状态来引入偏差。Petri 网每前进一步,都将操作点库所的状态组合与知识库相比较,若发生偏差,则拉偏相应的 SDG 节点,进行前向推理,找出该偏差可能导致的所有不利后果。改进模型的前向推理过程如图 4-3 所示。

第一步:模型初始化。

由于 Petri 网模型是按照正常生产操作工序建立的,因此若要表达非正常工况,必须人为地设置一些故障,这与 SDG 中对工艺变量节点进行人工拉偏的道理一致。故障的设置通过为操作点库所设置静态测试弧及并初始化相应的库所状态来实现,若某操作点库所通过静态测试弧与其后续变迁相连,并且该库所中存在一个 token,则该操作点处于故障开状态;若某变迁通过静态测试弧与其后续变迁相连,且该变迁中不存在 token,则该操作点处于故障关状态。

第二步:检查操作点库所状态组合是否与知识库相吻合。

在改进模型的建模过程中,第七步就是建立一个如表 3-4 所示的操作点状态组合表并将其保存在知识库中,该表格将在本步中得到应用。将当前操作点的状态组合与知识库相比较,如果操作点状态组合与知识库吻合,说明当前系统无故障,推理进入第六步;否则,以当前系统状态作为标准,找出存在故障的操作点,进入第三步。

第三步:激活 SDG。

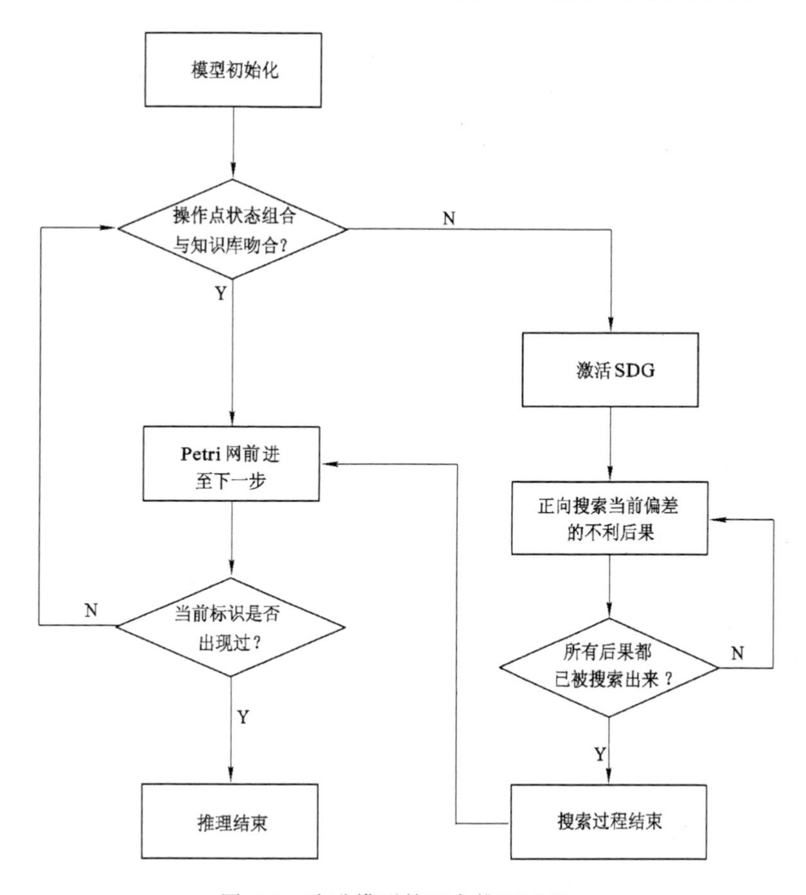

图 4-3　改进模型的正向推理过程

根据当前操作点库所的状态对 SDG 影响关系的有效性进行设置，去除无效支路，得到一张 SDG 残图。根据第二步中找到的故障操作点，拉偏其 SDG 中相对应的变量。如某储罐入口阀门库所处于故障开状态，则对其对应的入口流量节点进行正拉偏。

第四步：正向搜所该偏差可能导致的不利后果。

根据第三步得到的偏差，采用深度优先搜索算法，在当前状态所对应的 SDG 残图中搜索到偏差的一个可能后果 C 及对应的相容通路。

第五步：检查当前偏差可能导致的所有不利后果是否都已被搜索出来。

如果仍有通路未被搜索到，则回到第四步，继续搜索，直至所有可能的不利后果都被搜索出来，搜索过程结束，进入第六步。

第六步：Petri 网前进一步。

令当前状态下所有满足变迁发生条件的变迁都发生，Petri 网中将生成一组新的标识，将这组标识保存起来。在计算机自动推理时，由于不能使用矩阵运算，所以变迁不能同时发生，必须为其规定一个顺序。在本书所提出的 Petri 网模型中，变迁的发生顺序并没有实际意义，因此可以用随机数法为其产生一个随机的顺序，如果变迁之间存在并发或冲突，则可使用第 4.1.4 中所提出的方案进行解决。

第七步：判断当前标识是否出现过。

将当前标识与以往标识进行比较，如果该标识没有出现过，则回到第二步继续推理，若该标识曾经出现，则说明 Petri 网已经完成一个循环，推理结束。

以上介绍了一些由 Petri 网中引入的偏差的推理方法，另一部分由设备失效所导致的偏差如设备和管道泄漏等仍由 SDG 中通过拉偏相关变量来引入，其前向推理规则按第 4.2.2 所述步骤进行。

下面以图 3-1 中的飞灰脱除工序为例，说明模型的正向推理过程。

初始状态：如图 3-9 所示，XV－8/9 正常打开，XV－2/3 处于故障开状态，通过一个静态测试弧与后续变迁相连。系统状态库所“V1 卸灰”中含有 token，说明系统处于该状态。

第一步：V1 卸灰达一定时间后，条件 LS－04H 满足，即相应条件库所中增加一个 token，系统状态如图 4-4 所示。

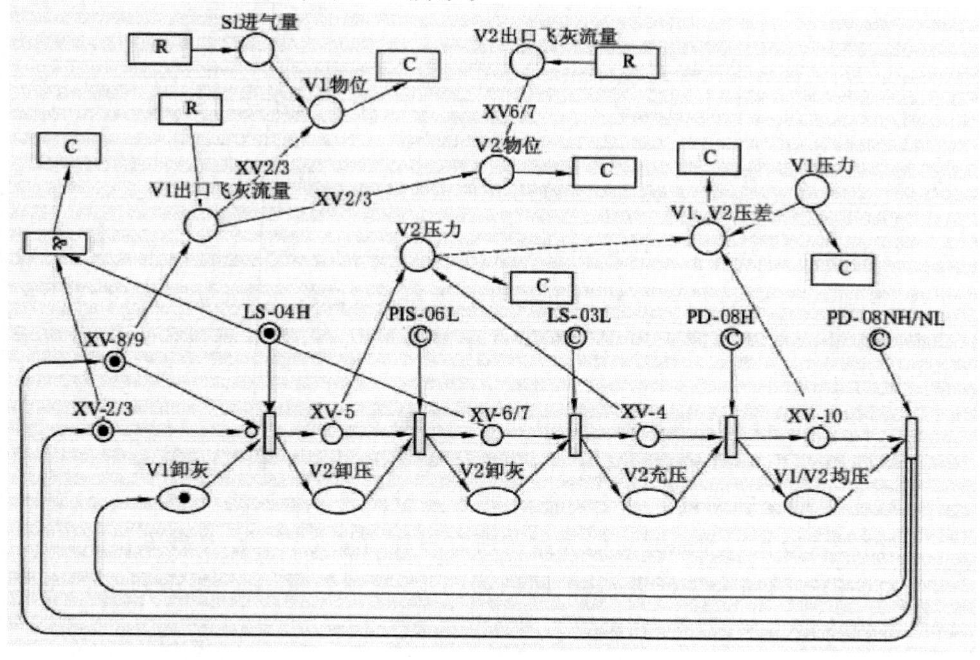

图 4-4　系统状态 1

第二步：条件 LS－04H 满足后，与其相连的变迁发生，XV－8/9、V1 卸灰、LS－04H 三个库所中的 token 被移除，XV－5 及 V2 卸压两个库所中各增加一个 token，而 XV－2/3 由于处于故障开状态，所以变迁发生后，该库所中的 token 不变。此时的系统状态如图 4-5 所示。

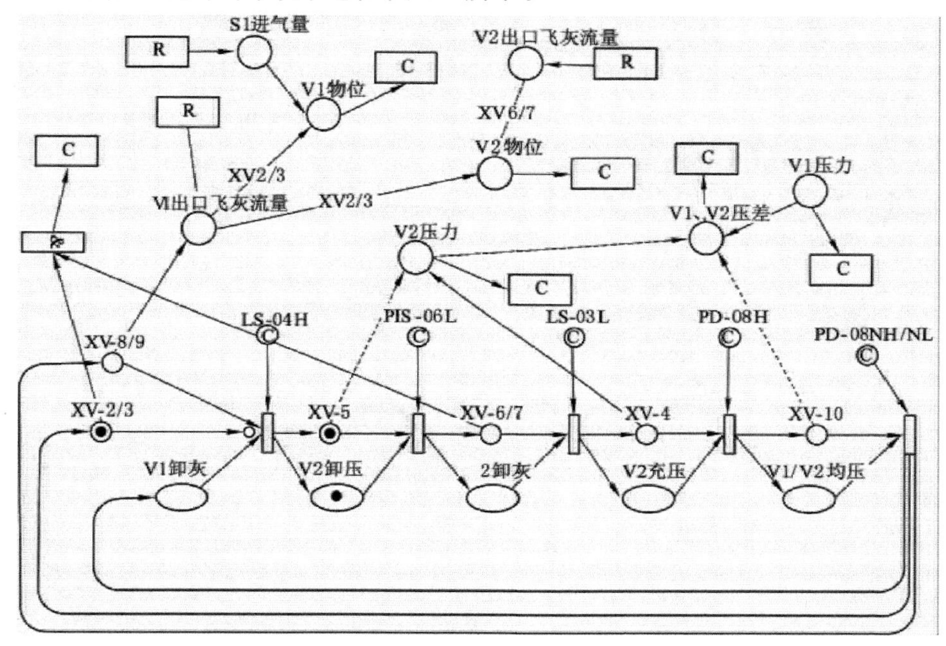

图 4-5　系统状态 2

将此时的操作点库所状态与表 3-4 相比较，发现状态组合有误，说明系统存在故障，而此时处于有效状态的系统状态库所为"V2 卸压"，以此为标准与表 3-4 对比，发现故障库所为阀门 XV－2/3，拉偏 SDG 中与 XV－2/3 相应的变量，即 V1 出口流量，此时 XV－2/3 处于打开状态，所以 V1 出口流量与 V1 物位和 V2 物位间的影响关系支路都有效，针对此拉偏进行推理，可以得到：

V1 故障开－>V1 出口流量偏高－>V1 物位偏高－>V1 罐堵塞，生产无法进行；

V1 故障开－>V1 出口流量偏高－>V2 物位偏低－>系统无产量。

此外，由于库所 XV－2/3 中有 token，则该库所至与节点的支路也有效，但与节点的另外一条支路无效，所以不能沿此通路前向推理。

第三步：V2 卸压至 PIS－06L 信号出现，此时库所 PIS－06L 中将增加一个 token，其相连变迁得到发生权。

第四步：变迁发生，XV－5、V2卸压及PIS－06L三个库所中的token被移除，XV－6/7与V2卸灰两个库所中各增加一个token，系统进入状态3，如图4-6所示。

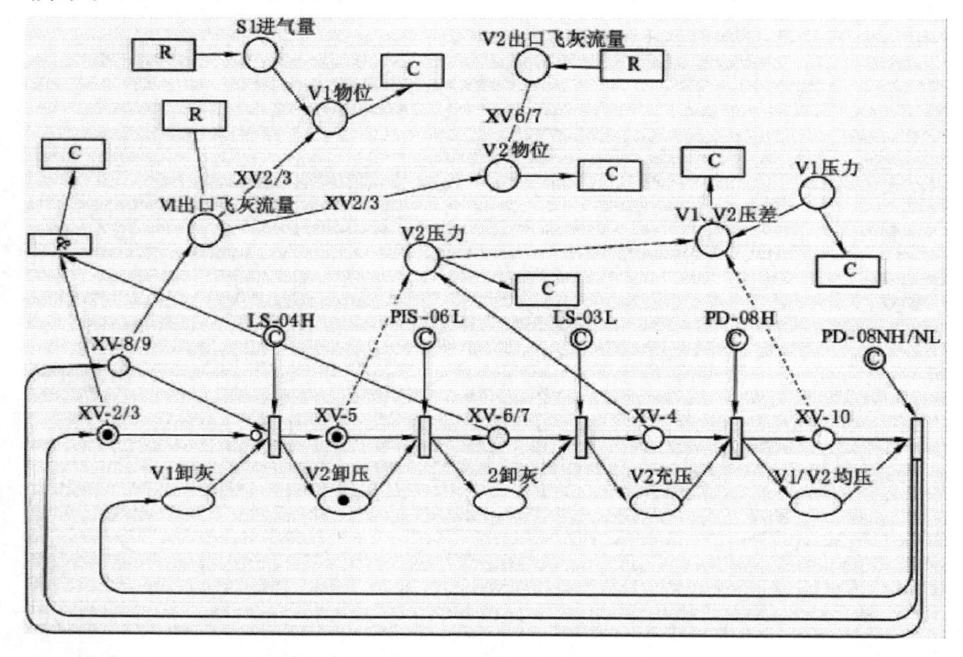

图4-6　系统状态3

将此时的操作点库所状态组合与表3-4进行比较，仍会发现XV－2/3存在故障，进入SDG中进行推理，除得到上一步中的结论以外，此时XV－2/3、XV－6/7同时打开，使得SDG中与节点的两个前向支路也都处于有效状态，沿此支路进行前向推理，得到后果C(V1内的高压灰窜入V2下游的低压设备，导致系统超压爆炸)。即：

XV－2/3开 & XV－6/7 －＞ C

按如上步骤进行Petri网推理，直至条件PD－08NH/NL满足，其相连变迁发生，系统将回到初始状态，推理结束。

4.3.3　反向推理规则

MHA的思想是将有重大潜在危险的后果节点作为推理的开端，反向查找所有会导致这些危险的非正常原因。而本论文提出的改进模型中所有的不利后果都记录在SDG的C节点中，因此改进模型的反向推理仍从SDG中开始，通过对与不利后果相连的变量节点进行拉偏来引入偏差，反向寻找所有可能导致该偏差的非正常原因及原因组合。具体的反向推理过程如图 4-7 所示。

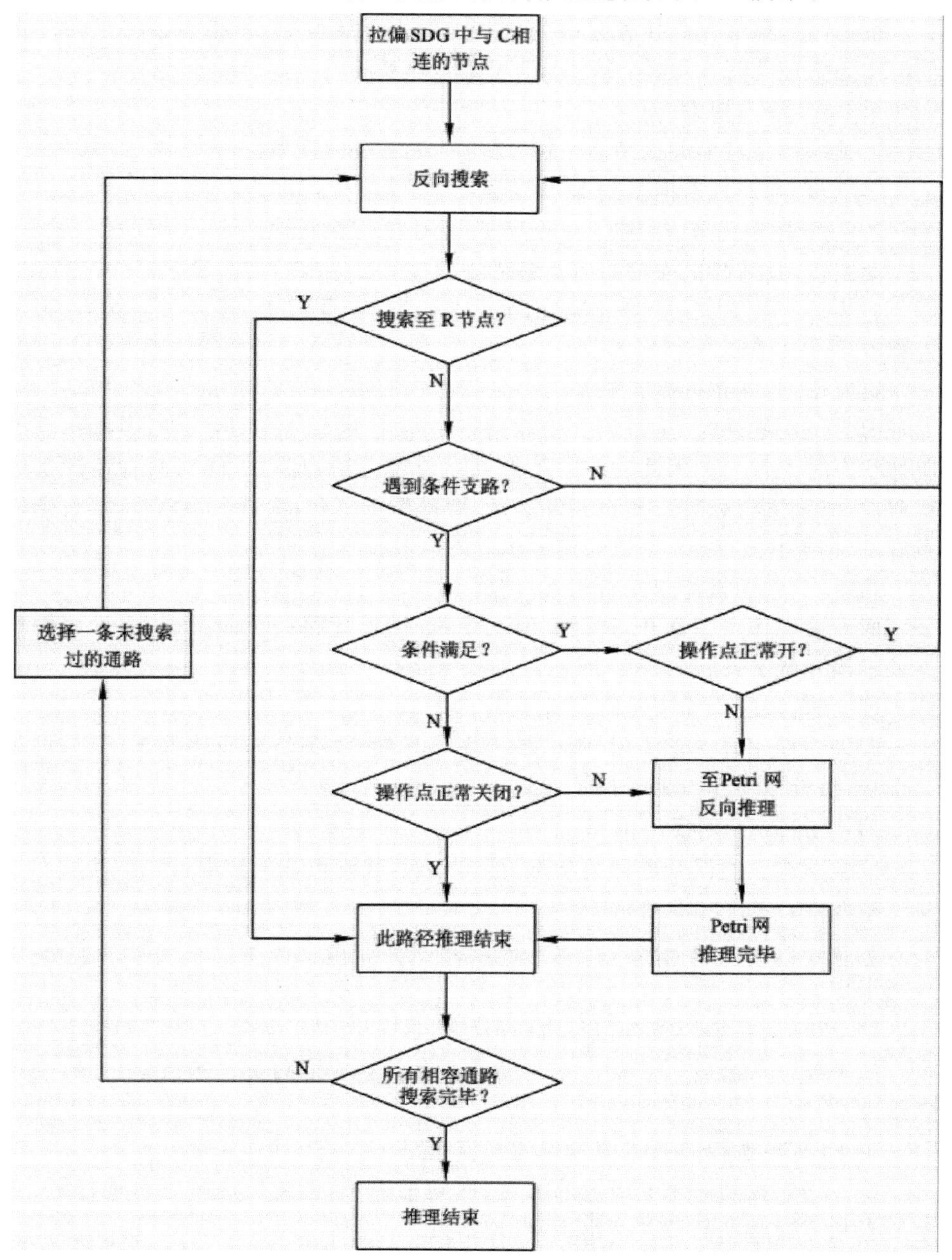

图 4-7　改进模型的反向推理过程

第一步:拉偏 SDG 中与 C 相连的节点。

挑选与后果节点直接相连的变量节点作为原始偏离点,相当于将重大潜在危险作为推理的开端,这与 MHA 的思想是一致的。

第二步:反向搜索。

以某一拉偏点为起始节点,进行深度优先的反向搜索。

第三步:判断是否搜索到 R 节点。

若已搜索至 R 节点,则进入第十步,否则进入第四步。

第四步:判断前向支路是否为条件支路。

若为普通的 SDG 支路,则回到第二步,继续反向搜索;若为条件支路,则进入第五步。

第五步:判断条件是否满足。

因为反向推理时 Petri 网并没有进行初始化,也就是说 Petri 网中操作点库所的状态时未知的。因此支路的条件成立与否无法判断,只能对两种情况都进行假设,分别进行处理。假设条件满足,即操作点打开,则进入第六步;假设条件不满足,即操作点关闭,则进入第七步。

第六步:判断操作点是否正常打开。

假设该操作点正常开,则回到第二步,继续沿此路径反向推理;假设该操作点处于误开状态,则进入第八步。

第七步:判断操作点是否正常关闭。

假设该操作点正常关闭,则该条件支路无效,本条相容通路推理结束,进入第十步;假设该操作点处于误关状态,则进入第八步。

第八步:Petri 网反向推理。

根据操作点的误开或误关状态,反向推理,找到可能的原因。

第九步:Petri 网推理完毕。

所有导致相关操作点误开或误关的原因都已搜索出来,Petri 推理完毕,进入第十步。

第十步:判断是否搜有相容通路都已搜索完毕。

如果导致初始后果 C 的所有可能原因及其相应通路都已被搜索出来,则推理结束;否则,进入第十一步。

第十一步:选择一条未搜索到的相容通路。

即在图中找到还未遍历过的节点,回到第二步,继续反向搜索可能原因,直至所有相容通路都已被搜索出来,推理结束。

下面以飞灰脱除流程的 V1 物位偏高这一偏差为例,说明模型的反向推理过程。

与 V1 物位相关的节点和支路如图 4-8 所示。其中“V1 物位”、“S1 进气量”、“V1 出口飞灰流量”及与其相连的 R 和 C 节点为 SDG 节点，其他如 XV－8/9、XV－2/3、LS－04H 等为 Petri 网中的库所。为了图形的直观性，图 4-8 中只列出了与本次推理有关的节点和支路。

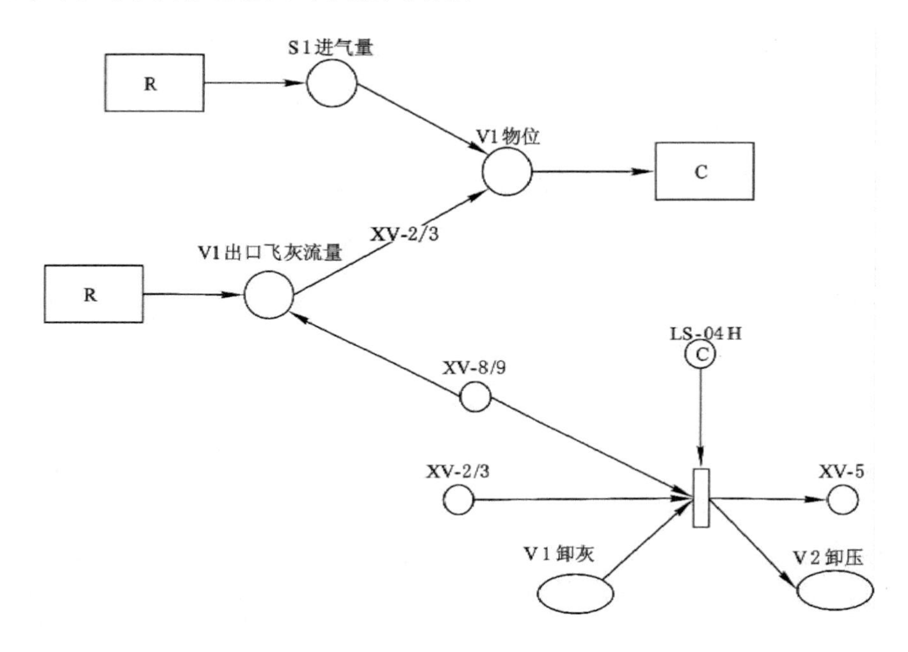

图 4-8 V1 物位相关节点

为了进行推理，首先要在 SDG 中设置原始拉偏点。主危险分析法提倡仅将有重大潜在危险的后果节点作为推理的开端，因此，本例中将 V1 物位设为原始拉偏点，因为该变量与不利后果节点 C 相连。V1 物位偏高或偏低都会引起相应的后果，因此，反向推理时也要针对偏高和偏低两种情况进行分析。下面仅以 V1 物位偏高为例说明推理过程，对于 V1 物位偏低的反向推理与之类似，这里就不再重复说明。

图 4-9 为针对“V1 物位高”这一偏差进行的反向推理过程示意图。推理时使用深度优先的搜索方式，首先沿 S1 进气量这一支路进行反向搜索，直到搜索到与其相关的 R，由于 S1 前没有可以导致其增大的输入变量，因此本支路搜索完毕，选择下一条支路进行搜索。

选择 V1 出口流量这一支路进行反向搜索，因为该支路带控制条件，因此首先要对条件成立和不成立两种情况都进行假设。

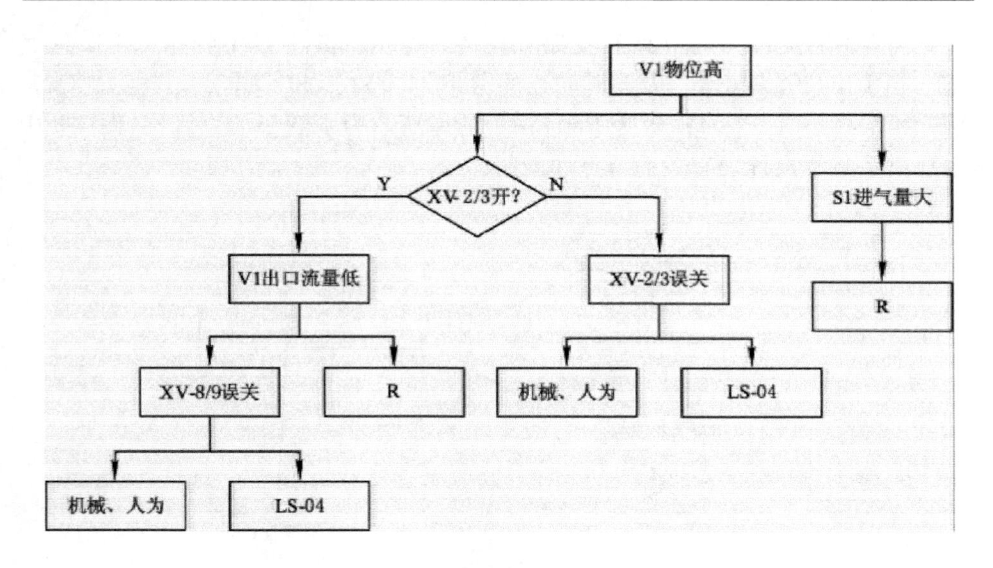

图 4-9 改进模型反向推理过程示例

(1) 假设 XV－2/3 关,而 XV－2/3 关这一偏差的确会引起 V1 物位偏高,因此必须针对这一偏差进行分析。首先,对于任意操作点(包括阀门和泵)来说,导致其误关的原因都有可能是机械故障(阀门卡死,无法打开)或人为误操作(人为误关),此外,操作点故障的另一个可能原因就是 DCS 失效,即控制信号错误,这一故障需要进入 Petri 网中进行搜索。在图 4-8 中的 Petri 网部分进行搜索,得到关闭 XV－2/3 的控制信号为 LS－04H,因此控制器 LS－04 故障就是 XV－2/3 误关的可能原因之一。由于 Petri 网中没有其他可能导致 XV－2/3 误开的原因,因此 Petri 网推理结束。

(2) 假设 XV－2/3 开。XV－2/3 开本身不会导致 V1 增高,因此此假设只起到将该支路使能的作用。沿此支路继续推理,得到 V1 物位高的一个可能原因"V1 出口飞灰流量低",V1 出口飞灰流量低有其自身原因 R(如管道堵塞等),同时,还可以继续反向推理,得到导致出口流量低的一个原因"XV－8/9 误关",XV－8/9 误关的非正常原因推理与 XV－2/3 相似,同样有机械故障、人为误操作以及通过 Petri 网推理而得到的 LS－04 故障。

至此,导致 V1 物位超高的所有可能原因都已被搜索出来,推理结束。得到的全部推理结果如表 4-3 所示。

表 4-3　　导致 V1 物位偏高的所有可能原因及相关变量

变量名称	偏差	传播路径	条件	非正常原因
S1 进气量	正	S1 进气量(＋)－＞ V1 物位(＋)		进气阀误开大
XV－2/3	负	XV－2/3(－)－＞ V1 物位(＋)		阀门卡死,无法打开 人为误关 LS－04 故障,导致 XV－2/3 误关
V1 出口流量	负	V1 出口流量(－)－＞ V1 物位(＋)	XV－2/3 开	出口管道堵塞
XV－8/9	负	XV－8/9(－)－＞ V1 出口流量(－)－＞ V1 物位(＋)	XV－2/3 开	阀门卡死,无法打开 人为误关 LS－04 故障,导致 XV－8/9 误关

第5章 间歇过程 SDG－HAZOP 案例分析

在本书的研究过程中，由于无法在真实的过程装置上进行危险实验，因此采用的研究手段主要是以事故案例为驱动的方式。即以现有的过程工业典型事故案例作为研究的开端。在这些案例中总结知识模型与推理分析的共性，为建模与推理算法提供原始的思路。同时，将形成的知识模型与推理算法，用这些案例来进行验证，判断是否能够基于计算机自动对事故进行识别。通过事故案例与研究成果之间的闭环互动，推动研究的不断深入。

5.1 煤粉输送系统

5.1.1 流程描述

煤粉输送工序由煤粉仓 CS－02 及气力输送系统组成，系统流程图如图 5-1 所示。气力输送系统采用正压密相输送方式，进料设备为两台发送罐(D－03A/B)，气源为压缩氮气。两台发送罐既能单罐发送，也可双罐交替发送。

下面以双罐发送为例，说明该系统的间歇操作过程。

初始状态：XV－01A/B、XV－02A/B、XV－03A、XV－04A 关，XV－03B、XV－04B 开，D－03A 高料位，D－03B 出料。当时钟时间达到时，进入第一步。

(1) 开启 XV－03A、XV－04A，D－03A 出料；

(2) 当 D－03B 料位 L－03B＝0m 时，关闭 XV－03B、XV－04B，打开 XV－01B、XV－02B，D－03B 进料；

(3) 当 LSA－02B 出现高信号时，关闭 XV－02B、XV－01B，D－03B 停止进料；

(4) 当时钟时间到达时，开启 XV－03B、XV－04B，D－03B 出料；

(5) 当 D－03A 料位 L－03A＝0m 时，关闭 XV－03A、XV－04A，打开 XV－01A、XV－02A，D－03A 进料；

(6) 当 LSA－02A 出现高信号时，关闭 XV－02A、XV－01A，D－03A 停止进料，系统回到初始状态；

(7) 开始下一个循环……

5.1.2 传统 SDG 模型

图 5-2 为煤粉输送工序传统 SDG 模型，其中 CS－02 料位、D－03A/B 料位

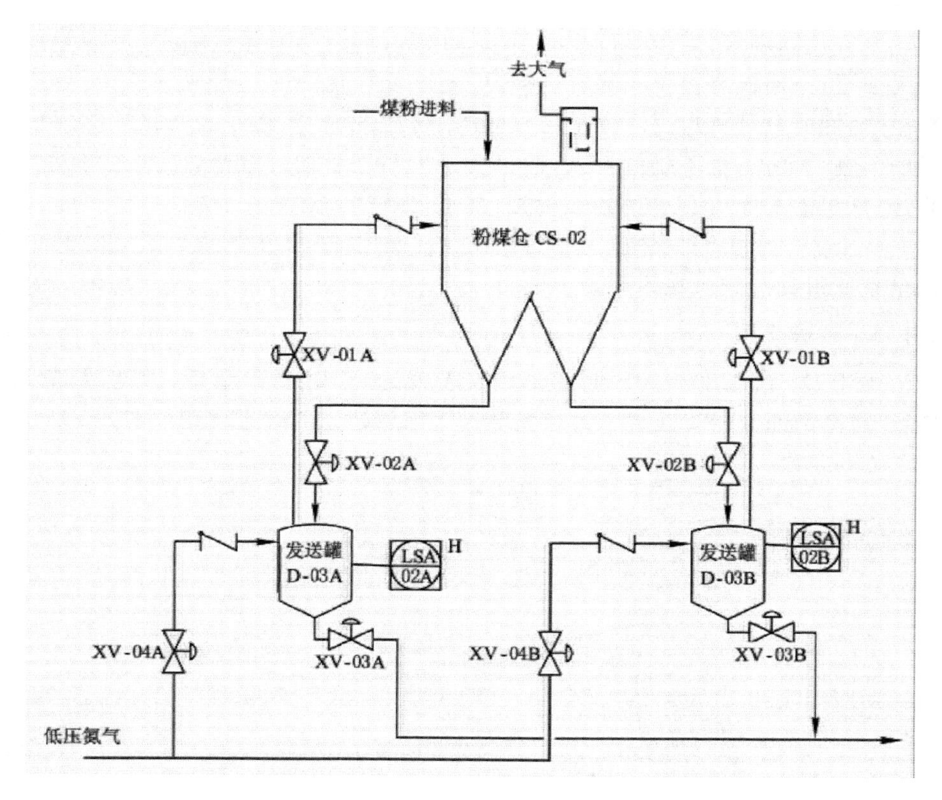

图 5-1　煤粉输送工序流程图

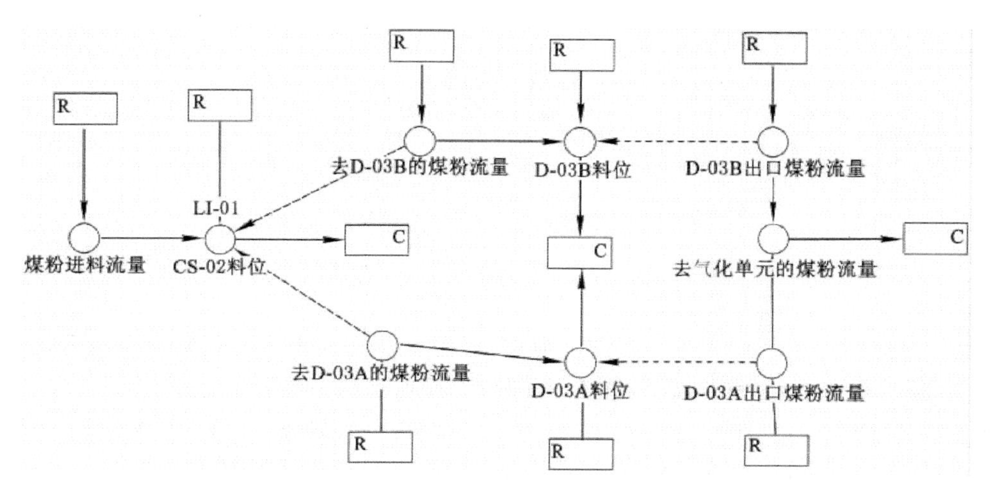

图 5-2　煤粉输送系统传统 SDG 模型

为此流程关键变量,因为料位超高则罐体堵塞,上游煤粉无法输送,可能导致生产无法进行;而没有料位意味着空罐,可能导致气化炉的热合成气回传,导致煤粉燃烧,因此分别将这三个变量与相应的不利后果 C 相连。去气化炉的煤粉流量既不是功能点,也不是危险点,但该变量为与下游的连接点,因此也将其与 C 相连,这里的 C 节点仅作为连接标记,并不记录相关后果。

将上述三个关键变量设为原始拉偏点。使用图 5-2 中的模型进行计算机自动推理所得到的结果在附录 1 中说明。

5.1.3 改进模型

由于 D－03A、D－03B 两罐采用交替发送方式,互不干扰,因此两部分的 Petri 网模型部分相对独立。对煤粉输送工序所建立的改进模型如图 5-3 所示。

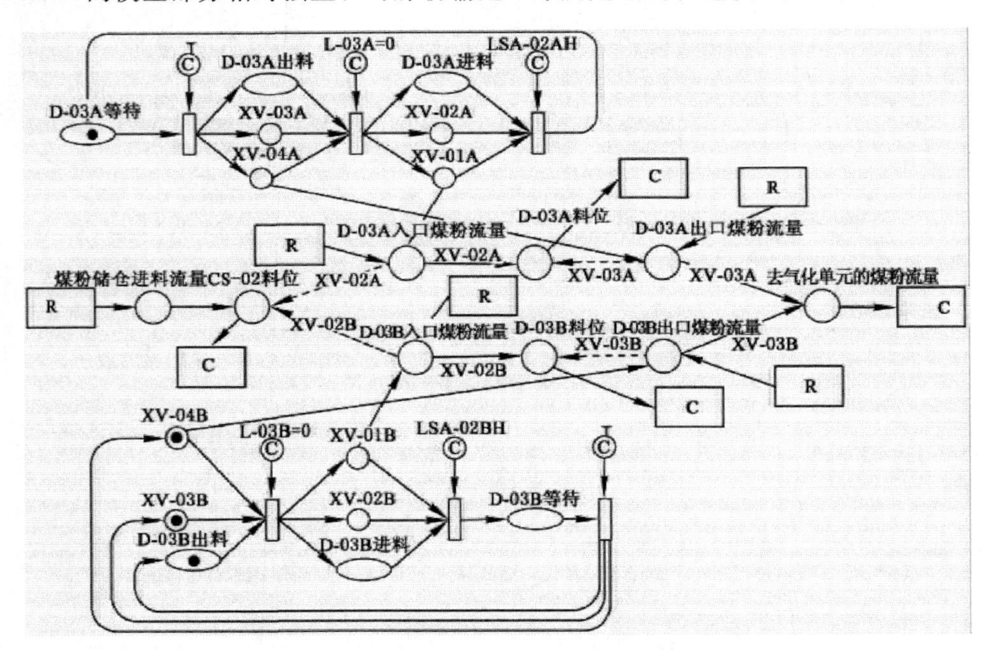

图 5-3 煤粉输送系统改进模型

此外,为了使用改进模型进行推理,还需要建立操作点的正确状态组合表。根据煤粉输送工序的间歇操作流程,得到的操作点状态组合如表 5-1 所示。

使用图 5-3 中的模型进行推理,除了可以得到传统的 SDG－HAZOP 分析结果以外,还可以对人为误操作所引起的危险及危险传播路径进行描述。改进模型的推理结果如表 5-2 所示。

表 5-1　　操作点状态组合

状态＼操作点	XV－01A	XV－02A	XV－03A	XV－04A	XV－01B	XV－02B	XV－03B	XV－04B	转换条件
D－03A 等待 D－03B 出料	0	0	0	0	0	0	1	1	时钟时间到
D－03A 出料 D－03B 出料	0	0	1	1	0	0	1	1	L－03B＝0m
D－03A 出料 D－03B 进料	0	0	1	1	1	1	0	0	LSA－02B＝H
D－03A 出料 D－03B 等待	0	0	1	1	0	0	0	0	时钟时间到
D－03A 出料 D－03B 出料	0	0	1	1	0	0	1	1	L－03A＝0m
D－03A 进料 D－03B 出料	1	1	0	0	0	0	1	1	LSA－02A＝H
初始状态	0	0	0	0	0	0	1	1	

表 5-2　　改进模型推理结果

变量	偏差	原因	传播路径	条件	后果
煤粉储仓进料流量	正	进料阀误开大	煤粉储仓进料流量(＋)－> CS－02 料位(＋)		煤粉仓堵塞，生产无法进行
XV－02A/B	负	阀门卡死，无法打开 人为误关 LSA－02A/B 故障，导致 XV－02A/B 误关	XV－02A/B(－)－> CS－02 料位(＋)		
D－03A/B 入口煤粉流量	负	管线堵塞	D－03A/B 入口煤粉流量(－)－> CS－02 料位(＋)	XV－02A/B 开	
XV－01A/B	负	阀门卡死，无法打开 人为误关 LSA－02A/B 故障，导致 XV－01A/B 误关	XV－01A/B(－)－> D－03A/B 入口煤粉流量(－)－> CS－02 料位(＋)	XV－02A/B 开	
XV－02A/B	正	阀门卡死，无法关闭 人为误开 DCS 故障，导致 XV－02A/B 误开	XV－02A/B(＋)－> D－03A/B 料位(＋)		发送罐堵塞，生产无法进行
XV－03A/B	负	阀门卡死，无法打开 人为误关 DCS 故障，导致 XV－02A/B 误关	XV－03A/B(－)－> D－03A/B 料位(＋)		
D－03A/B 出口煤粉流量	负	出口管线堵塞	D－03A/B 出口煤粉流量(－)－> D－03A/B 料位(＋)	XV－03A/B 开	
XV－04A/B	负	阀门卡死，无法打开 人为误关 DCS 故障，导致 XV－04A/B 误关	XV－04A/B(－)－> D－03A/B 出口煤粉流量(－)－> D－03A/B 料位(＋)	XV－03A/B 开	

续表 5-2

变量	偏差	原因	传播路径	条件	后果
XV－02A/B	负	阀门卡死,无法打开 人为误关 LSA－02A/B 故障,导致 XV－02A/B 误关	XV－02A/B (－)－> CS－02 料位(－)		
XV－01A/B	负	阀门卡死,无法打开 人为误关 LSA－02A/B 故障,导致 XV－01A/B 误关	XV－01A/B(－)－> D－03A/B 入口煤粉流量(－)－> D－03A/B 料位(－)	XV－02A/B 开	下游热气体回传,导致煤粉自燃
D－03A/B 入口煤粉流量	负	管线堵塞	D－03A/B 入口煤粉流量(－)－> CS－02 料位(－)	XV－02A/B 开	
XV－03A/B	正	阀门卡死,无法关闭 人为误开 DCS 时钟错误,导致 XV－03A/B 误开	XV－02A/B (＋)－> CS－02 料位(－)		

5.2 带搅拌釜式反应器系统

5.2.1 流程描述

图 5-4 为一带搅拌的釜式反应器系统,属于间歇反应过程。本系统主要设备及工艺参数包括:

(1) 二硫化碳计量槽,液位 L2,下料阀 V4,下料流量 F4;

(2) 临硝基苯计量槽液位 L3,下料阀 V5(反应釜放空阀),下料流量 F5;

(3) 多硫化钠下料阀 V6,下料流量 F6;

(4) 带搅拌器的釜式反应器,反应器内主产物浓度 A,反应温度 T1,液位 L4,反应物出口流量 F9,出口阀 V9,出口泵,出口泵开关 S5;

(5) 反应器蛇管冷却水入口流量 F7,蛇管冷却水阀 V7;

(6) 反应器夹套冷却水入口流量 F8,夹套冷却水阀 V8;

(7) 反应器夹套加热蒸汽阀 S6(开关);

(8) 反应器搅拌电机开关 S8。

间歇反应流程中相关设备尺寸如下:

(1) 反应釜。

每釜容积为 2 500 L(最大容积 2 800 L),直径为 1 400 mm,高度为 2 000

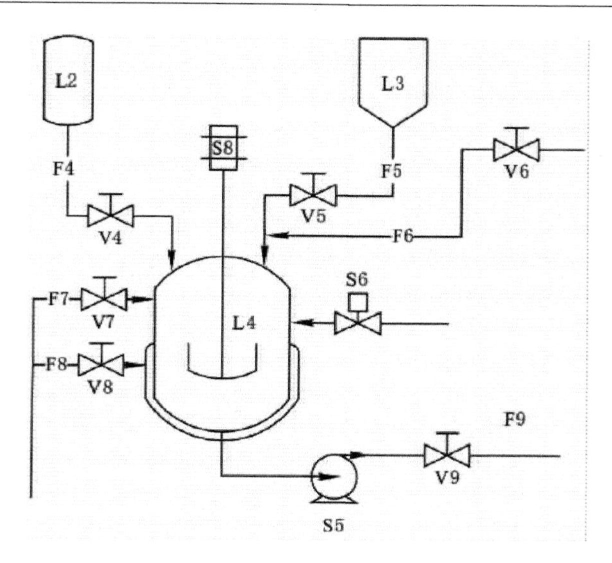

图 5-4　带搅拌釜式反应器系统

mm，桨式搅拌器，转速为 90 r/min，搅拌电机功率为 4.5 kW。

（2）二硫化碳计量罐。

容积为 180 L，直径为 500 mm，高度为 900 mm，正常液位为 640 mm。

（3）临硝基苯计量罐。

容积为 270 L，直径为 600 mm，圆筒形部分高度为 800 mm，圆锥形部分高度为 520 mm，正常液位为 1 000 mm。

本间歇反应物料特性差异大，多硫化钠需要通过反应制备，反应属于放热过程，由于二硫化碳的饱和蒸气压随温度上升而迅猛上升，冷却操作不当会发生剧烈爆炸；反应过程中有主副反应竞争，必须设法抑制副反应，然而主反应活化能较高，又期望较高的反应温度。如此多因素交织在一起，使本间歇反应具有典型代表意义。

5.2.2　反应过程操作规程

本间歇反应的每一个批次都需要经历加料、加热升温、冷却控制、保温、出料及反应釜清洗几个阶段。

临硝基苯、多硫化钠和二硫化碳在反应釜中经夹套蒸汽加入适度的热量之后，将发生复杂的化学反应，产生橡胶硫化促进剂 M 的钠盐及其副产物。由于主反应的活化能高于副反应，因此提高反应温度有利于主反应的进行。但本反应中若升温过快、过高，则可能造成不可遏制的爆炸而产生危险事故。

保温阶段的目的是尽可能多的获得所期望的产物。为了最大限度地减少副产物的生成，必须保持较高的反应釜温度。当温度压力有所下降时，需要由操作员来打开加热蒸汽以保持原有的釜温、釜压。由于操作员的介入，本环节中由人为误操作所导致的危险大大增加。

缩合反应历经保温阶段后，由出料管道的离心泵将反应釜内的料液打入下道工序。出料完毕，间歇反应的一个批次结束。每个批次的具体操作规程如下：

初始状态：二硫化碳计量罐液位 L2＝0.64 m，临硝基苯计量罐 L3＝1.0 m，各开关、手动阀门均处于关闭状态。

(1) 加料。

① 打开二硫化碳下料阀 V4；

② 当 L2 下降至 0 m 时，关 V4，打开邻硝基氯苯下料阀 V5；

③ 当 L3 下降至 0 m 时，关 V5，打开多硫化钠阀 V6；

④ 当 L4 达到 1.37 m 时，关 V6。

(2) 加热升温。

① 开反应釜搅拌电机 S8；

② 适当打开夹套蒸汽加热阀 S6，观察反应釜温度 T1 逐渐上升；

③ 当 T1 上升至 45 ℃时，关闭 S6；

④ 当 T1 上升至 65 ℃左右，间断小量开启夹套冷却水阀 V8 和蛇管冷却水阀 V7，控制反应温度在 121℃。

(3) 反应保温阶段。

① 温度压力迅速下降时，逐步关小冷却水阀 V8 和 V7，使 T1 保持在 120 ℃，不断调整 V7 和 V8 直至关闭；

② 使 T1 保持在 120 ℃，时间 2～3 h。

(4) 出料及清洗反应器。

① 打开放空阀 V5 约 2～5 分钟，放掉釜内残存的可燃气体及硫化氢；

② 关闭 V5；

③ 开出料阀 V9，当 L4 下降至 0 m 时，关闭 V9。

5.2.3 传统 SDG 模型

图 5-5 为本流程传统 SDG 模型。其中液位超高会导致溢出，气相压力过大则可能引起反应釜爆炸，主产物浓度是衡量产品产量的一个重要参数，因此将上述三个变量设为原始拉偏点。使用上述模型进行进算计自动推理，生成的 HAZOP 报表如附录 2 中所示。

5.2.4 改进模型

对釜式反应器系统所建立的改进模型如图 5-6 所示。

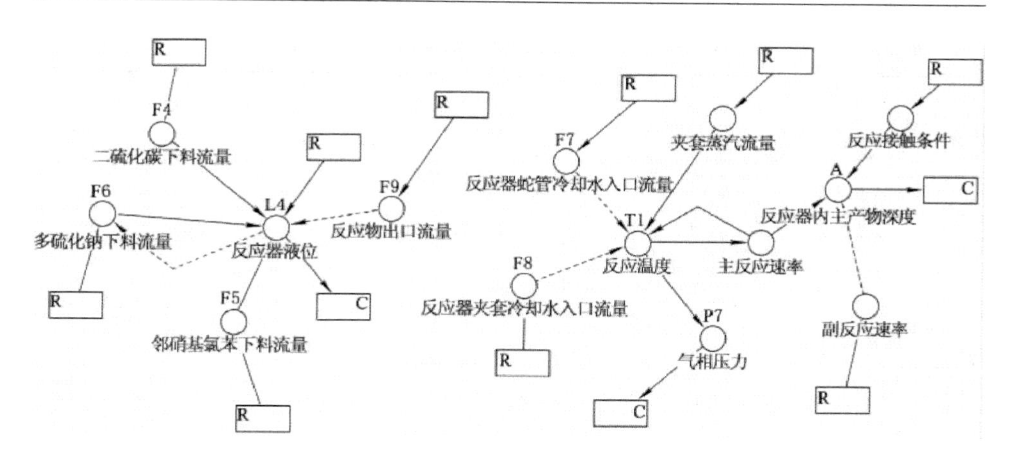

图 5-5　釜式反应器系统 SDG 模型

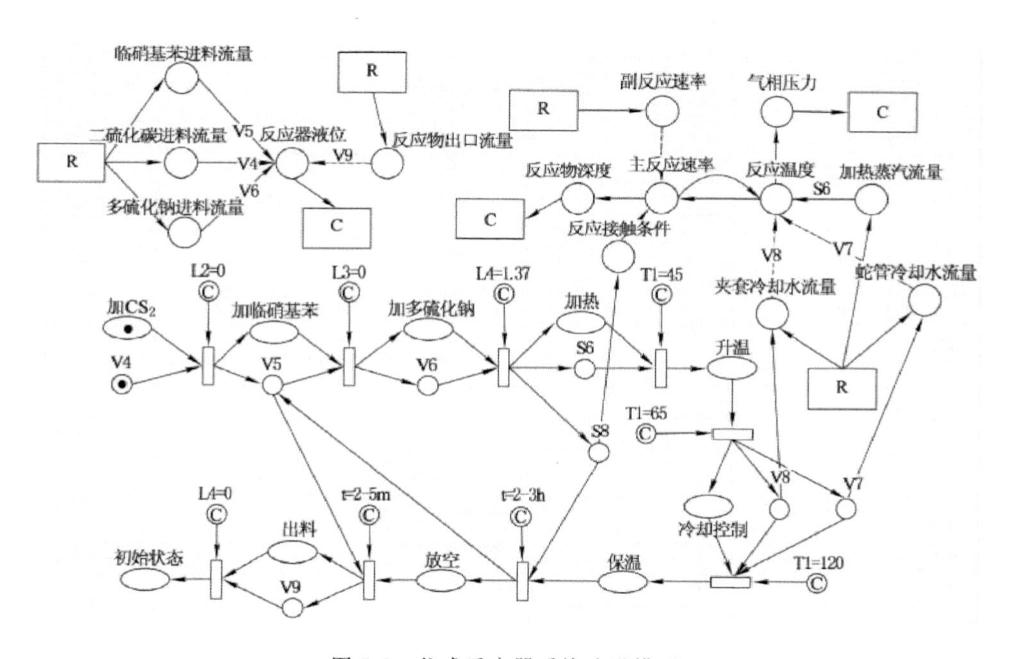

图 5-6　釜式反应器系统改进模型

根据釜式反应器的间歇反应操作流程，得到的操作点状态组合表如表 5-3 所示。

以表 5-3 作为依据，使用改进模型进行推理，得到的结果如表 5-4 所示。表 5-4 所列为改进模型的推理结果。

表 5-3　　　　操作点状态组合

操作点 状态	V4	V5	V6	V7	V8	V9	S6	S8	转换条件
加二硫化碳	1	0	0	0	0	0	0	0	L2＝0 m
加邻硝基苯	0	1	0	0	0	0	0	0	L3＝0 m
加多硫化钠	0	0	1	0	0	0	0	0	L4＝1.37 m
加热	0	0	0	0	0	0	1	1	T1＝45 ℃
升温	0	0	0	0	0	0	0	1	T1＝65 ℃
冷却控制	0	0	0	1	1	0	0	1	T1＝120 ℃
保温	0	0	0	0	0	0	0	1	T1＝120 ℃，2～3 h
放空	0	1	0	0	0	0	0	0	2～5 min
出料	0	0	0	0	0	1	0	0	L4＝0 m
初始状态	0	0	0	0	0	0	0	0	

表 5-4　　　　改进模型推理结果

<table>
<tr><th>变量</th><th>偏差</th><th>原因</th><th>传播路径</th><th>条件</th><th>后果</th></tr>
<tr><td>V4</td><td>负</td><td>阀门卡死，无法打开
人为误关小
L2 料位计故障，导致 V4 误关小</td><td>V4(－)－>反应器液位(－)</td><td></td><td rowspan="7">抽干，损坏出料泵</td></tr>
<tr><td>二硫化碳进料流量</td><td>负</td><td>管道堵塞或泄漏</td><td>二硫化碳进料流量(－)－>反应器液位(－)</td><td>V4 开</td></tr>
<tr><td>V5</td><td>负</td><td>阀门卡死，无法打开
人为误关小
L3 料位计故障，导致 V5 误关小</td><td>V5(－)－>反应器液位(－)</td><td></td></tr>
<tr><td>临硝基苯进料流量</td><td>负</td><td>管道堵塞或泄漏</td><td>临硝基苯进料流量(－)－>反应器液位(－)</td><td>V5 开</td></tr>
<tr><td>V6</td><td>负</td><td>阀门卡死，无法打开
人为误关小
L4 料位计故障，导致 V6 误关小</td><td>V6(－)－>反应器液位(－)</td><td></td></tr>
<tr><td>多硫化钠进料流量</td><td>负</td><td>管道堵塞或泄漏</td><td>多硫化钠进料流量(－)－>反应器液位(－)</td><td>V6 开</td></tr>
<tr><td>V9</td><td>正</td><td>阀门卡死，无法关闭
人为误开大
DCS 故障，导致 V9 误开大</td><td>V9(＋)－>反应器液位(－)</td><td></td></tr>
</table>

续表 5-4

变量	偏差	原因	传播路径	条件	后果
V6	正	阀门卡死，无法关闭 人为误开大 L4 料位计故障，导致 V6 误开大	V5(－)－＞反应器液位(－)		反应物溢出
V7	负	阀门卡死，无法打开 人为误关小 反应器温度控制器故障，导致 V7 误关小	V7(－)－＞蛇管冷却水流量(－)－＞反应温度(＋)－＞气相压力(＋)		反应器超压受损，甚至爆炸
蛇管冷却水流量	负	管道结垢、堵塞或泄漏	蛇管冷却水流量(－)－＞反应温度(＋)－＞气相压力(＋)	V7 开	
V8	负	阀门卡死，无法打开 人为误关小 反应器温度控制器故障，导致 V8 误关小	V8(－)－＞夹套冷却水流量(－)－＞反应温度(＋)－＞气相压力(＋)		
夹套冷却水流量	负	管道结垢、堵塞或泄漏	夹套冷却水流量(－)－＞反应温度(＋)－＞气相压力(＋)	V8 开	
S6	正	人为误开 反应器温度控制器故障，没有及时关闭 S6	S6(＋)－＞加热蒸汽流量(＋)－＞反应温度(＋)－＞气相压力(＋)		
S8	负	人为误关 压力控制器错误，导致 S8 误关	S8(－)－＞反应接触条件(－)－＞主反应速率(－)－＞主产物浓度(－)		产品产量低
副反应速率	正	温度控制不当	副反应速率(＋)－＞主反应速率(－)－＞主产物浓度(－)		
V7	正	阀门卡死，无法关闭 人为误开大 反应器温度控制器故障，导致 V7 误开大	V7(＋)－＞蛇管冷却水流量(＋)－＞反应温度(－)－＞主反应速率(－)－＞主产物浓度(－)		
V8	正	阀门卡死，无法关闭 人为误开大 反应器温度控制器故障，导致 V8 误开大	V8(＋)－＞夹套冷却水流量(＋)－＞反应温度(－)－＞反应速率(－)－＞主产物浓度(－)		
S6	负	人为误关 反应器温度控制器故障，导致 S6 误关	S6(－)－＞加热蒸汽流量(－)－＞反应温度(－)－＞主反应速率(－)－＞主产物浓度(－)		

5.3 总结

通过与附录 1 和附录 2 中的 HAZOP 报表进行比较可以看出，与传统的 SDG－HAZOP 方法相比，改进模型及推理算法主要有以下几点改进：

(1) 减少了推理结果中的重复信息。由于传统 SDG－HAZOP 软件同时使用正反两向推理，对于某些互为因果的节点间的相容通路在正反向推理的结果中就都会显示出来，导致了所生成报表中的大量重复信息。而改进的模型每次只进行一个方向的推理，这样就可以将正反两向的推理结果分离开，从而简化了 HAZOP 报表的内容，增加了报表的可读性。

(2) 增加了推理深度。在对间歇过程的建模时，通常认为危险的传播在间歇操作的过程中被隔离了，因此在模型中不对上下游之间的影响关系进行描述，因此在使用传统 SDG－HAZOP 方法对间歇过程进行分析时所得到的相容通路都较短。而事实上，只要有管道相连，那么该管道就有可能将上游的危险传播至下游，最终引发事故。在进行 HAZOP 分析时，也要求必须将一切可能的危险都考虑进来。改进模型所提出的动态 SDG 方法就可以解决这一问题。通过使用动态支路，可以将上下游用影响关系支路联接起来，但这种影响是有条件的，添加条件后的危险传播路径虽然概率有所降低，但仍有可能性存在。带条件的相容通路可以把模型中所有可能的影响关系都表达出来，因此也就增加了模型的推理深度。

(3) 提高了模型的表达能力。传统模型中所有相容通路之间都是“或”关系，因此只能对“一因多果”“一因一果”这种单故障源的事故进行分析。改进模型通过引入“与”节点，可以表达原因后果之间更复杂的“一果多因”式影响关系，从而可以进行多故障源的事故分析，提高了模型的表达能力。

通过 5.1 和 5.2 中的案例分析结果可以发现，与传统 SDG 模型相比，改进模型所能表达的故障种类更多，推理机制更灵活，所得到的分析结果也更全面、可信度更高，在间歇过程 HAZOP 分析的在间歇过程 HAZOP 分析的实际应用中也取得了较好的效果。

第 6 章　基于 HAZOP 分析的环境污染事故风险评估

6.1　风险的定义

风险(Risk)一词自古有之,不同行业对风险的定义也不尽相同。根据国际标准化组织发布的 ISO 31000:2018 风险管理指南,风险是指不确定性对目标的影响。ISO 31000 中对风险作了如下说明:

(1) 影响是指与预期目标偏离。影响可以是正面的也可能是负面的,或两者兼而有之。影响可以锁定、创造或导致机遇和威胁。

(2) 目标可以有不同方面,可以体现在不同的层次。

(3) 风险通常以风险源、可能发生的事件,以及其后果和可能性来表达。

根据以上定义,在安全生产领域风险管理的目标主要包括安全、健康和环境,而风险的大小通常用事故发生的概率与事故后果的严重度两个指标来表示。即:

风险(Risk)=可能性(Likehood)×严重度(Severity)

因此,事故的危险程度既与其发生的概率(可能性)有关,又与其后果的严重度有关。在制定事故预防措施过程中,必须对以上两个指标进行综合考量,以确定控制措施的优先顺序。

6.2　环境污染事故风险评估

6.2.1　风险评估概述

风险评估(Risk Assessment)是指在危险辨识的基础上,对该事故/事件给人们的生活、生命、财产、环境等各个方面造成的影响和损失的可能性进行量化评估,并将量化的风险值与公认的安全指标作对比,根据其风险程度的不同判断采取应对措施的必要程度的过程。

危险辨识和风险的量化是风险评估的前提。对于危险化学品环境污染事故,可采用前面章节所述的 SDG－HAZOP 和 DSDG－HAZOP 方法对生产过程中存在的危险、有害因素进行全面辨识。而根据风险的定义,要对风险值进行量化就必须得到风险的可能性(概率)以及风险的严重度的确切值。在安全生产领域,风险评估的对象主要为各类事故。而事件的概率理论上需要进行大量的随机试验才能得到,由于事故的危险性较高,对事故进行随机试验以求得其概率是不现实的。同样,受企业类型、自动化程度、工作制度、地理位置等各种因素影响,即使是同一类型的事故,其后果也千差万别。综上所述,对事故可能性和后果进行精确度量以实现事故风险的定量评估可行性不高。

在实际生产过程中,通常是将事故的可能性和后果严重度划分为几个等级,然后以风险矩阵的形式对事故风险进行定性度量。

6.2.2 事故可能性分级

由于事故概率的确切值很难得到,所以在风险评估过程中最常用的方法就是用频率代替概率,并根据事故发生的频率对事故可能性进行分级,分级方法如表 6-1 所示。

表 6-1　事故可能性分级(按频率)

可能性等级	发生频率(次/年)	描述
1	$<1.0\times10^{-6}$	不可能发生
2	$1.0\times10^{-3}\sim1.0\times10^{-6}$	很少发生
3	$1.0\times10^{-2}\sim1.0\times10^{-3}$	偶尔发生
4	$1.0\times10^{-1}\sim1.0\times10^{-2}$	很可能发生
5	$>1.0\times10^{-1}$	经常发生

以上事故频率可根据本企业的事故经验或同行业事故数据来得到。然而,对于新开发的系统,由于没有事故经验,无法确定事故发生的频率,则无法用表 5-1 中的分级标准对事故可能性进行分级。

对于这类系统,可以从风险的来源(事故致因)出发,对事故发生的频率做出定性判断。在危险化学品企业中,风险的来源主要有以下两个方面:

(1) 固有风险:设备、设施、场所等本身固有(赋存、带有)的能量(电能、势能、机械能、热能等等);危险物质(氢气、煤气、油品、液氨等)燃烧、爆炸等产生能量或有害物质。

(2) 现实风险:人员的不安全行为、物的不安全状态、环境的不安全因素及安全管理缺陷。

其中,能量和危险物质等固有风险是影响事故严重度的重要因素,而人一机一环境一管理等方面存在的现实风险以及相应的预防控制措施的有效性则是影响事故可能性的主要因素。因此,对于没有事故经验的新系统,可以使用表 6-2

所示的判断准则对事故可能性进行分级。

表 6-2　　事故可能性分级(按事故致因)

可能性等级	安全检查	操作规程	员工胜任程度	监控措施(监测、联锁、报警)及应急措施
1	标准完善、按标准进行检查	操作规程齐全,严格执行并有记录	高度胜任(有上岗资格证,接受有效培训,经验丰富,技能、安全意识强)	监控措施能满足控制要求,供电、联锁从未失电或误动作;有应急措施每年至少演练二次
2	标准完善但偶尔不按标准检查	操作规程齐全但偶尔不执行	胜任(有上岗资格证,接受有效培训,经验、技能较好,但偶尔出错)	监控措施能满足控制要求,但供电、联锁偶尔失电或误动作;有应急措施但每年只演练一次
3	发生变更后检查标准未及时修订或多数时候不按标准检查	发生变更后未及时修订操作规程或多数操作不执行操作规程	一般胜任(有上岗资格证,接受培训,但经验、技能不足,曾多次出错)	监控措施能满足控制要求,但经常被停用或发生变更后不能及时恢复;有应急措施但未根据变更及时修订或作业人员不清楚
4	检查标准不全或很少按标准检查	操作规程不全或很少执行操作规程	不够胜任(有上岗资格证,但没有接受有效培训,操作技能差)	有监控措施但不能满足控制要求,措施部分投用或有时投用;有应急措施但不完善或没演练
5	无检查标准或不按标准检查	无操作规程或从不执行操作规程	不胜任(无上岗资格证,无任何培训,无操作技能)	无任何监控措施或有措施从未投用;无应急措施

6.2.3　事故后果分级

在一般安全生产事故中,通常根据事故所导致的人员伤亡、财产损失等对事故后果严重程度进行分级,如表 6-3 所示。

表 6-3　　事故后果分级(按人员伤亡和财产损失)

后果等级	人员伤亡	直接经济损失/万元	对生产的影响	企业形象
1	无伤亡	无损失	没有停工	形象没有受损
2	轻微受伤、间歇不舒服	<1	受影响不大,几乎不停工	公司及周边范围

续表 6-3

后果等级	人员伤亡	直接经济损失/万元	对生产的影响	企业形象
3	截肢、骨折、听力丧失、慢性病	1～50	1 套装置停工或设备	地区影响
4	丧失劳动能力	50～100	2 套装置停工或设备停工	行业内、省内影响
5	死亡	＞100	部分装置（＞2 套）或设备	重大国际影响

本文主要对危险化学品环境污染事故风险评估方法开展研究，因此，对事故后果的分级也主要以环境污染后果为主要依据。

根据国务院办公厅 2014 年 12 月 29 日发布的《国家突发环境事件应急预案》（国办函〔2014〕119 号），将环境污染事故按其后果分为四级：

（1）特别重大突发环境事件

① 因环境污染直接导致 30 人以上死亡或 100 人以上中毒或重伤的；

② 因环境污染疏散、转移人员 5 万人以上的；

③ 因环境污染造成直接经济损失 1 亿元以上的；

④ 因环境污染造成区域生态功能丧失或该区域国家重点保护物种灭绝的；

⑤ 因环境污染造成设区的市级以上城市集中式饮用水水源地取水中断的；

⑥ Ⅰ、Ⅱ类放射源丢失、被盗、失控并造成大范围严重辐射污染后果的；放射性同位素和射线装置失控导致 3 人以上急性死亡的；放射性物质泄漏，造成大范围辐射污染后果的；

⑦ 造成重大跨国境影响的境内突发环境事件。

（2）重大突发环境事件

① 因环境污染直接导致 10 人以上 30 人以下死亡或 50 人以上 100 人以下中毒或重伤的；

② 因环境污染疏散、转移人员 1 万人以上 5 万人以下的；

③ 因环境污染造成直接经济损失 2 000 万元以上 1 亿元以下的；

④ 因环境污染造成区域生态功能部分丧失或该区域国家重点保护野生动植物种群大批死亡的；

⑤ 因环境污染造成县级城市集中式饮用水水源地取水中断的；

⑥ Ⅰ、Ⅱ类放射源丢失、被盗的；放射性同位素和射线装置失控导致 3 人以下急性死亡或者 10 人以上急性重度放射病、局部器官残疾的；放射性物质泄漏，

造成较大范围辐射污染后果的；

⑦ 造成跨省级行政区域影响的突发环境事件。

（3）较大突发环境事件

① 因环境污染直接导致 3 人以上 10 人以下死亡或 10 人以上 50 人以下中毒或重伤的；

② 因环境污染疏散、转移人员 5 000 人以上 1 万人以下的；

③ 因环境污染造成直接经济损失 500 万元以上 2 000 万元以下的；

④ 因环境污染造成国家重点保护的动植物物种受到破坏的；

⑤ 因环境污染造成乡镇集中式饮用水水源地取水中断的；

⑥ Ⅲ类放射源丢失、被盗的；放射性同位素和射线装置失控导致 10 人以下急性重度放射病、局部器官残疾的；放射性物质泄漏，造成小范围辐射污染后果的；

⑦ 造成跨设区的市级行政区域影响的突发环境事件。

（4）一般突发环境事件

① 因环境污染直接导致 3 人以下死亡或 10 人以下中毒或重伤的；

② 因环境污染疏散、转移人员 5 000 人以下的；

③ 因环境污染造成直接经济损失 500 万元以下的；

④ 因环境污染造成跨县级行政区域纠纷，引起一般性群体影响的；

⑤ Ⅳ、Ⅴ类放射源丢失、被盗的；放射性同位素和射线装置失控导致人员受到超过年剂量限值的照射的；放射性物质泄漏，造成厂区内或设施内局部辐射污染后果的；铀矿冶、伴生矿超标排放，造成环境辐射污染后果的；

⑥ 对环境造成一定影响，尚未达到较大突发环境事件级别的。

上述分级标准有关数量的表述中，“以上”含本数，“以下”不含本数。

参考以上分级标准，将危险化学品环境污染事故后果分为 5 级，如表 6-4 所示。根据《危险化学品安全管理条例》的规定，放射性物质不属于危险化学品管理范围。因此，本书中对危险化学品环境污染事故后果的分级标准不包括放射性物质泄漏的相关内容。

表 6-4　　事故后果分级(按环境污染后果)

后果等级	人员伤亡/人	疏散、转移人数/人	直接经济损失/万元	生态	水源	影响范围
1	无人员伤亡	＜1 000	＜100	无影响	无影响	本行政区内

续表 6-4

后果等级	人员伤亡/人	疏散、转移人数/人	直接经济损失/万元	生态	水源	影响范围
2	死亡人数＜3；或中毒或重伤人数＜10	1 000～4 999	100～500	有一定影响	非饮用水水源污染	跨县级行政区
3	3≤死亡人数＜10；或 10≤中毒或重伤人数＜50	5 000～9 999	500～2 000	国家重点保护的动植物物种受到破坏	乡镇集中式饮用水水源地取水中断	跨设区的市级行政区
4	10≤死亡人数＜50；或 50≤中毒或重伤人数＜100	10 000～49 999	2 000～10 000	区域生态功能部分丧失或该区域国家重点保护野生动植物种群大批死亡	县级城市集中式饮用水水源地取水中断	跨省级行政区
5	死亡人数≥30；或中毒或重伤人数≥100	＞50 000	＞10 000	区域生态功能丧失或该区域国家重点保护物种灭绝	设区的市级以上城市集中式饮用水水源地取水中断	跨国境

6.2.4 风险等级划分

如 6.2.1 所述，事故的风险值由其可能性 L 和后果 S 共同决定，即：

$$R=F(L,S)$$

采用矩阵的形式来表示函数 F，分别以事故发生的可能性 $L(L_1,L_2,L_3,\cdots,L_m)$ 和事故后果的严重程度 $S(S_1,S_2,S_3,\cdots,S_n)$ 为行和列，构建一个 $m\times n$ 的矩阵，则由行列的交叉点即可确定相应的风险值 R。由事故可能性和后果严重程度构建而成的矩阵即称为风险矩阵。风险矩阵的形式随着对事故可能性和严重度划分的等级不同而有所不同，如最简单的 3×3 矩阵、国际标准化组织提供的 5×5 矩阵、美国化学工程师协会化学过程安全中心应用的 5×7 矩阵等，其中以 5×5 矩阵最为常用，如图 6-1 所示。

风险矩阵按要求一般可划分为四个等级：可接受的风险（蓝色）、中度风险（绿色）、高度风险（黄色）、严重风险（红色）。对不同级别的风险可采取不同的控制措施，如表 6-5 所示。

S风险概率等级						
	5	Ⅰ 5	Ⅲ 10	Ⅳ 15	Ⅳ 20	Ⅳ 25
	4	Ⅰ 4	Ⅱ 8	Ⅲ 12	Ⅳ 16	Ⅳ 20
	3	Ⅰ 3	Ⅱ 6	Ⅱ 9	Ⅲ 12	Ⅳ 15
	2	Ⅰ 2	Ⅰ 4	Ⅱ 6	Ⅱ 8	Ⅲ 10
	1	Ⅰ 1	Ⅰ 2	Ⅰ 3	Ⅰ 4	Ⅱ 5
风险等级R		1	2	3	4	5
		L后果严重程度				

图 6-1　风险矩阵

表 6-5　　**风险等级划分**

风险等级	描述	需要采取的行动
Ⅰ级	可以接受	可能或者不需要采取措施进一步降低风险
Ⅱ级	中度风险(在落实好控制措施的情况下可以接受)	依据成本情况,遵守程序采取措施,强调落实情况
Ⅲ级	高度风险(难以接受)	在规定时间内,采取工程或者管理措施将风险降低到可接受的范围内
Ⅳ级	严重风险(绝对零容忍)	在规定的时间内,通过工程或者管理上的专门的措施,限期(六个月内)将风险降低到可接受的范围内

6.3　基于 HAZOP 分析的风险评估

传统的 HAZOP 分析属于定性安全分析方法,仅能对系统中存在的危险、危险产生的原因和可能导致的后果作定性辨识分析。为进行事故风险评估,必须对事故发生的可能性和后果的严重程度进行量化(或半定量化),并根据风险评估结果,确定事故的风险等级,进而采取相应的预防控制措施。

6.3.1　基于 HAZOP 分析的事故可能性分级

如 3.3.2 所述,事故是由一系列的事件先后发生所导致的,通常将导致事故发生的这一系列事件称为事件序列或事件链。而 SDG 模型中每一条从原因 R 到后果 C 的相容通路即代表了一个事件链,如图 6-2 所示。

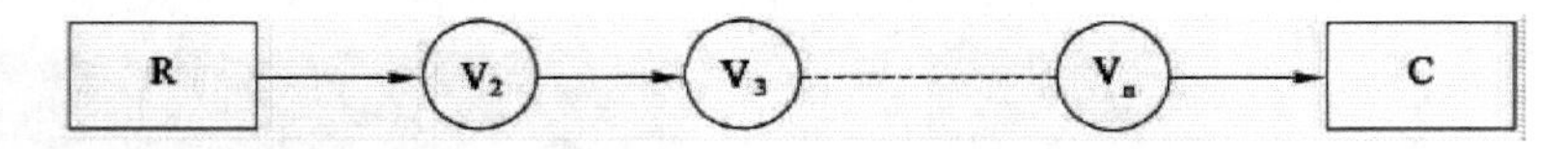

图 6-2　导致事故发生的事件链

根据以上理论，事故 C 发生的可能性由原因 R 的可能性和偏差沿该事件链传播的可能性两个参数共同决定。在该事件链中，偏差每经过一个传播节点，其发生的可能性都会有所降低，将偏差由第 i 个节点传播到第 i+1 个节点的概率记为 $P_{i->i+1}$，则有：

$$P_{i+1}=P_i\times P_{i->i+1}$$

设事件序列的起点 R 为第 1 个节点，事故 C 前一个节点为第 n 个节点。则在事件序列的末端，事故 C 发生的可能性 P_c可定义为：

$$P_c=P_R\times P_{1->2}\times P_{2->3}\times\cdots\times P_{n->c} \quad (6\text{-}1)$$

为简化起见，可设偏差由前一个节点传播到下一个节点的概率均为 10^{-1}，即：

$$P_{1->2}=P_{2->3}=\cdots=P_{n->c}=10^{-1}$$

则式(6-1)可简化为：

$$P_c=P_R\times 10^{-n} \quad (6\text{-}2)$$

即，导致事故发生的事件序列越长，事故发生的可能性越小。在实际生产过程中，由于受到各种安全控制措施的制约，偏差的传播可能被中止，从而减小事故发生的概率。而事件序列越长，其受到安全控制措施制约的可能性越大，则最终事故发生的概率越小，这与式(6-2)的计算结果是一致的。

在实际生产过程中，导致事故 C 发生的事件序列通常不止一条，如图 6-3 所示。

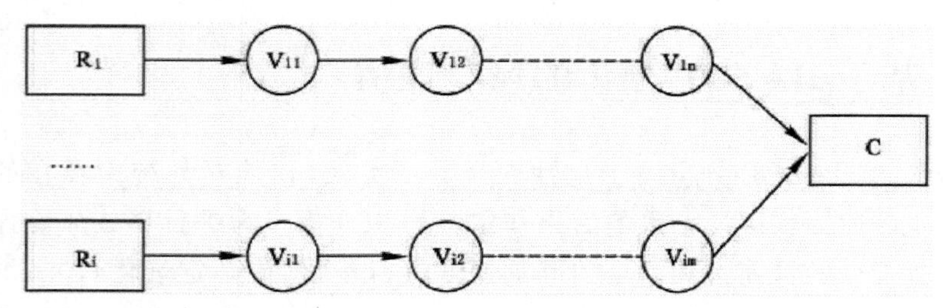

图 6-3　多个事件链共同导致的事故

对于图中所示的情况，仍然假设偏差由前一个节点传播到下一个节点的概率均为 10^{-1}，则事故 C 的可能性可按式(6-3)计算：

$$P_c=P_{R1}\times 10^{-n}+\cdots+P_{Ri}\times 10^{-m} \quad (6\text{-}3)$$

需要说明的是，由于在计算过程中做了简化假设，根据式(6-2)和式(6-3)计算得到的 P_c值仅代表的事故的可能性，而不是精确的事故概率。

根据(6-3)计算出事故 C 的可能性 P_c后，可查表 6-1 得到该事故的可能性等级。

6.3.2　基于 HAZOP 分析的事故后果分级

将过程模拟软件 Aspen Plus 与 HAZOP 分析相结合，可以对某一偏差所引起的后果进行定量分析。下面以异丙苯合成工艺为例说明基于 HAZOP 分析的事故后果分级方法。

异丙苯合成工艺流程如图 6-4 所示。

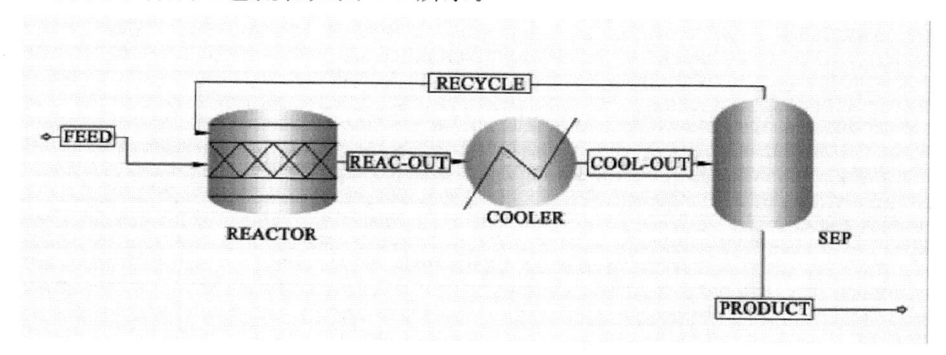

图 6-4　异丙苯合成工艺流程图

苯和丙烯作为该反应的原料进入反应器，经反应器反应生成异丙苯。反应后的混合物经冷凝器冷凝，再进入分离器。分离器顶部为物料循环回反应器，分离器底部出料为最终产品异丙苯。

以分离器进料温度为操纵变量 X，分离器液相出料量为采集变量 Y，利用 Aspen Plus 的灵敏度分析模块，分析 X 对 Y 的影响，结果如图 6-5 所示。

由图 6-5 可知，随着进料温度的升高，分离器出口流量也随之上升，但幅度不大。根据工艺要求，进料温度在 45～65 ℃时，冷凝器出口流量在正常操作范围内(0.888 2～0.924 4 kmol/h)，而进料温度高于 65 ℃或低于 45 ℃，均将导致出口流量不符合要求。出口流量偏离设计值越多，后果严重程度越大。根据以上分析，对于常用的工艺参数(温度、压力、流量、液位)，可根据其偏离设计值的程度来定义其后果等级，如表 6-6 所示。

综上所述，可以在 HAZOP 分析的基础上，分别对事故发生可能性和后果严重度进行分级，并根据二者的等级，结合 6.2.4 的风险矩阵，确定事故的风险等级。

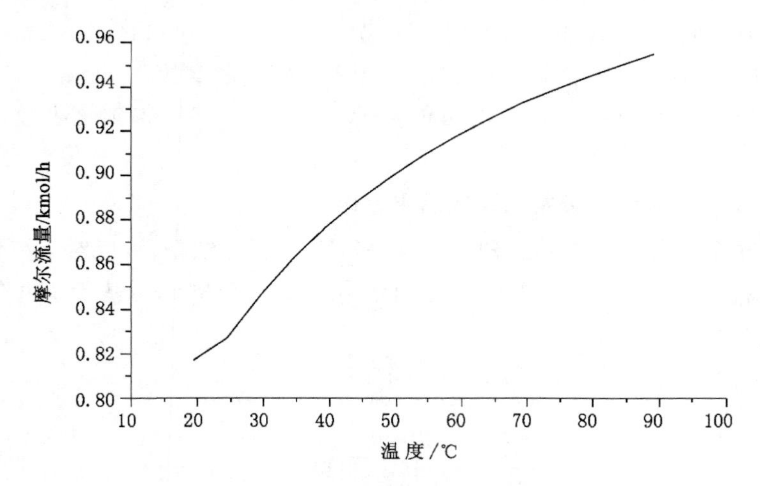

图 6-5 分离器出口流量随进料温度的变化

表 6-6 事故后果分级(按偏差范围)

后果严重程度 S	偏差范围
1	流量±10%,温度±5%,压力±5%,液位±10%
2	流量±20%,温度±10%,压力±10%,液位±20%
3	流量±40%,温度±20%,压力±20%,液位±40%
4	流量±60%,温度±30%,压力±30%,液位±60%
5	流量±60%以上,温度±30%以上,压力±30%以上,液位±60%以上

第 7 章　研究结论与展望

7.1　研究结论

危险化学品事故不仅会造成人员伤亡和财产损失，还可能对事故发生地的大气、水体、土壤造成污染，对生态系统造成不可逆转的损害。对危险化学品环境污染事故进行风险评估，不仅可以确定事故的危险性，还有利于根据事故风险等级，制定不同的预防控制措施，从而达到风险分级管控的目的。

本书在研究前人成果的基础上，针对连续生产过程和间歇生产过程分别建立了不同的 HAZOP 分析模型，定义了相应的计算机推理方案，并在此基础上提出了危险化学品环境污染事故风险评估方法。此次研究所完成的工作主要有以下几个方面：

(1) 提出了动态 SDG 的建模理论。传统的 SDG 模型表达的是过程变量间的静态影响关系，因此模型一旦建立，则影响关系无法修改。这在连续过程的 HAZOP 分析中不存在任何问题，因为在连续过程中，变量间的影响关系是固定的，用传统的 SDG 模型足以表达。而动态 SDG 模型通过引入 Petri 网元素，可以根据系统所处的状态(包括正常工作状态和故障状态)改变某些支路的有效性，通过动态的影响关系来实现过程的全工况(正常工况和非正常工况)模拟，这也与间歇过程的动态特性相吻合。

(2) 针对改进模型定义了面向 HAZOP 的推理算法。HAZOP 分析通过引导词来引入工艺参数的偏差，进而对引起该偏差的非正常原因和不利后果进行分析。改进模型正向推理时通过对操作点库所设置故障状态并对与 R 节点相连的变量进行拉偏来引入偏差，进而正向搜索该偏差可能导致的不利后果；反向推理时通过对与 C 节点相连的变量进行拉偏来引入偏差，进而反向寻找可能导致该偏差的非正常原因。这种双向推理方式与 HAZOP 分析的思路完全一致。此外，通过引入“与”节点，并为其定义相应的图形表示及推理方式，改进 SDG 模型可以进行多故障源所引起的事故分析，这是传统的 SDG－HAZOP 方法无法完成的。

(3) 提出了间歇过程 HAZOP 分析解决方案。由于在间歇生产过程中，子任务的开始和结束通常需要操作员的参与，因此在对其进行 HAZOP 分析时就必须考虑人为误操作所导致的危险，包括操作顺序错误、子任务的持续时间错误等。本论文提出的解决方案中，通过在前向推理过程中将当前操作点库所状态组合与知识库中的正确组合相比较，将"早于""晚于""先""后"这些针对间歇过程的 HAZOP 引导词在 Petri 网中引入进来，从而可以对大部分人为误操作相关的偏差进行分析。

（4）对所提出的建模和推理方法进行了案例分析。使用所提出的模型对煤制油流程干灰脱除工序、煤粉输送系统及橡胶促进剂釜式反应器系统进行了建模，并用所定义的推理方式得到了推理结果。与传统 SDG－HAZOP 推理结果相比，改进模型的分析结果更完备、可靠性更高。

（5）提出了基于 HAZOP 分析的危险化学品环境污染事故风险评估方法。首先，结合 SDG－HAZOP 模型，对事故发生的可能性进行了分级。其次，在过程模拟的基础上，对关键变量所引起的事故后果严重程度进行了分级。综合事故可能性和事故后果严重度等级，采用风险矩阵法对危险化学品环境污染事故风险等级进行划分。

7.2 展望

尽管本书对基于 HAZOP 分析的危险化学品环境污染事故风险评估进行了大量研究，提出了 HAZOP 分析模型和风险等级划分方法，但是由于时间及专业限制，还有许多需要进一步研究及改进的地方：

（1）本书所提出 Petri 网模型比较复杂，对于大系统进行 HAZOP 分析时可能需要较长的建模时间。今后应加深 Petri 网与 SDG 的融合程度，使二者成为一个整体，降低模型的复杂程度，以减少建模和推理所用的时间。

（2）对事故可能性的量化方法不够完善。虽然结合了 SDG 模型对事故可能性进行计算，但计算过程中的部分数据只能依靠专家经验获得，对分析团队的知识水平和实践经验要求较高。后续的研究应尽可能采用客观的指标表达事故的可能性，以提高风险评估方法的可行性。

参 考 文 献

[1] 吴重光.危险与可操作性分析(HAZOP)基础及应用[M].北京:中国石化出版社,2012.

[2] 王小群,张兴容.工业企业常用安全评价方法概述[J].铁道劳动卫生安全与环保,2003,30(2):90-92.

[3] 吴重光.危险与可操作性分析(HAZOP)应用指南[M].北京:中国石化出版社,2012.

[4] 任星星.危险化学品事故环境风险的定量评估及动态演化[D].上海:华东理工大学,2014.

[5] 李安峰,夏涛,张贝克,等.基于 SDG 的计算机辅助危险与可操作性分析[J].系统仿真学报,2003,15(10):1394-1397.

[6] 曹敬灿,梁文艳,张立秋,等.危险化学品污染事故统计分析及建议研究[J].环境科学与技术,2013,36(S2):428-431.

[7] 张媛,赵文喜,张建军,等.突发性环境污染事故的统计分析及预防策略[J].环境污染与防治,2013,35(10):108-112.

[8] KARVONEN I,HEINO P,SUOKAS J. Knowledge-based Approach to Support HAZOP Studies[R]. Technical Research Center of Finland:Research Report,1990.

[9] CATINO C, UNGAR L H. Model-based Approach to Automated Hazard Identification of Chemical Plants[J]. AIChE Journal,1995,41(1):97-109.

[10] FAISAL L K,ABBASI S A. Tophazop:AKnowledge-based Software Tool for Conducting HAZOP in a Rapid,Efficient yet Inexpensive Manner[J]. Journal of Loss Prevention in Process Industries,1997,10(5-6):333-343.

[11] DIMITRADIS V D, SHAH N, PANTELIDES C C. Model-based Safety Verification of Discrete/Continuous Chemical Processes[J]. AIChE Journal,1997,43(4):1041-1059.

[12] SRINIVASAN R, DIMITRADIS V D, SHAH N. Safety Verification Using a Hybrid Knowledge-based MathematicalProgramming Framework

[J]. American Institute of Chemical Engineering Journal, 1998, 44(2): 361-371.

[13] TURK L A. Event Modeling and Verification of Chemical Process Using Symbolic Model Checking[D]. Pittsburgh: Carnegie Mellon University, 1999.

[14] 吴重光,夏涛,张贝克..基于符号定向图(SDG)深层知识模型的定性仿真[J]. 系统仿真学报,2003,15(10):16-18.

[15] 张贝克,吴重光. 一种基于SDG用于危险分析的新型定性仿真技术[J]. 系统仿真学报,2005,17(6):1339-1342.

[16] MUSHTAQ F, CHUNG P W H. A Systematic HAZOP Procedure for Batch Processes, and Its Application to Pipeless Plants[J]. Journal of Loss Prevention in the Process Industries, 2000, 13(1): 41-48.

[17] BARTOLOZZI V, CASTIGLIONE L, PICCIOTTO A, et al. Qualitative Models of Equipment Units and Their Use in Automatic HAZOP Analysis[J]. Reliability Engineering and System Safety, 2000, 70(1): 49-57.

[18] KANG B, SHIN D, YOON ES. Automation of the Safety Analysis of Batch Processes Based on Multi-modeling Approach[J]. Control Engineering Practice, 2003, 11(8): 871-880.

[19] GRAF H, SCHMIDT-TRAUB H. An Integrated Approach to Early Process Hazard Identification of Continuous and Batch Plants with Statechart Modeling and Simulation[J]. Computers and Chemical Engineering, 2001, 25(1): 61-72.

[20] YI-FENG WANG, JER-YU WU, CHUEI-TIN CHANG. Automatic Hazard Analysis of Batch Operations with Petri Nets[J]. Reliability Engineering and System Safety, 2002, 76(1): 91-104.

[21] ANGELA ADAMYAN, DAVID HE. Analysis of Sequential Failures for Assessment of Reliability and Safety of Manufacturing Systems [J]. Reliability Engineering and System Safety, 2002, 76(3): 227-236.

[22] VOLOVOIV. Modeling of System Reliability Petri Nets with Aging Tokens[J]. Reliability Engineering and System Safety, 2004, 84(2): 149-161.

[23] ZHAO LINDU. Integrated Automatic HAZOP Analysis and Fault Diagnosis Based on Petri Net[J]. Journal of Southeast University

(English Edition),2003,19(3):240-245.

[24] SRINIVASAN R,VENKATASUBRAMANIAN V. Automating HAZOP Analysis of Batch Chemical Plants:PartI. The Knowledge Representation Framework[J]. Computers and Chemical Engineering, 1998, 22 (9): 1345-1356.

[25] SRINIVASAN R, VENKATASUBRAMANIAN V. Automating HAZOP Analysis of Batch Chemical Plants:Part II. Algorithms and Application[J]. Computers and Chemical Engineering,1998,22(9): 1357-1370.

[26] ZHAO JINSONG,VISWANATHAN S,ZHAO CHUNHUA,et al. Knowledge-based Management of Change in Chemical Process Industry [J]. Computer Aided Chemical Engineering, 2001, 9: 931-936.

[27] ZHAO JINSONG, VISWANATHAN S, VENKATASUBRAMANIAN V. Industrial Applications of Operating Procedure Synthesis and Process hazards Analysis for Batch Plants [J]. Computer Aided Chemical Engineering,2000,8:787-792.

[28] VISWANATHANS , ZHAO JINSONG, VENKATASUBRAMANIAN V. Integrating Operating Procedure Synthesis and Hazards Analysis Automation Tools for Batch Processes [J]. Computers and Chemical Engineering,1999,23:747-750.

[29] British Standards Institution. BS IEC 61882: 2001Hazard and operability studies (HAZOP studies)-Application guide[S].

[30] 赵文芳,姜春明,李奇. HAZOP 技术实施程序[J]. 安全、健康和环境,2005,5(1):15-17.

[31] 王若青,胡晨. HAZOP 安全分析方法的介绍[J]. 石油化工安全技术,2003,19(1):19-22.

[32] 戚雁俊. 危险化学品道路运输事故引发环境污染的思考[J]. 安全、健康和环境,2012,12(01):46-49.

[33] 刘宇慧,夏涛,张贝克,等. 基于 SDG 的 HAZOP 单元建模方法[J]. 计算机仿真,2004,21(12):193-195.

[34] 李安峰,夏涛,张贝克,等. 化工过程 SDG 建模方法[J]. 系统仿真学报,2003,15(10):1364-1368.

[35] 牟善军,姜春明,吴重光. SDG 方法与过程安全分析的关系[J]. 系统仿

真学报,2003,15(10):1381-1384.

[36] ISO/IEC JTC 1/SC 7. ISO/IEC 15909-1:2004Software and system engineering-High-level Petri nets-Part 1: Concepts, definitions and graphical notation[S].

[37] ISO/IEC JTC 1/SC 7. ISO/IEC 15909-2:2005Software and system engineering-High-level Petri nets-Part 2:Transfer Format[S].

[38] 袁崇义. Petri 网原理与应用[M]. 北京:电子工业出版社,2005.

[39] 宋建成. 间歇过程自动化的进展[J]. 化工进展,1996,3:22-27.

[40] 俞惠芳. 图的遍历的分析与算法设计[J]. 青海师范大学学报,2004,(4):53-59.

[41] 陈海岭,蒋军成,虞奇,等. Aspen Plus 模拟计算在苯硝化 HAZOP 风险分析中的应用[J]. 中国安全科学学报,2015,25(09):115-120.

[42] 李平. LNG 加气站 HAZOP 定量分析方法研究[D]. 成都:西南石油大学,2015.

[43] 康建新,郭丽杰,高发明. 基于过程模拟的气体分馏装置 HAZOP 分析[J]. 燕山大学学报,2014,38(03):277-282.

[44] 张玉良. 石化行业非稳态操作过程危险与可操作性分析研究[D]. 北京:北京化工大学,2014.

[45] 张杰. 风险评估和失效数据分析技术及在丙烯腈装置的应用[D]. 杭州:浙江大学,2012.

附录1 煤粉输送系统传统 SDG－HAZOP 分析结果

对 CS－02 料位进行正拉偏，假设该值发生正偏离，得到的不利后果如下表：

变量名称	状态	演变路径	不利后果
CS－02 料位	正	CS－02 料位(＋)	罐内积灰过多，生产无法进行

导致 CS－02 料位发生正偏差的非正常原因、相关变量如下表：

变量名称	状态	演变路径	非正常原因
煤粉进料流量	正拉偏	煤粉进料流量(＋)－＞CS－02 料位(＋)	干煤筛泄漏
去 D－03B 的煤粉流量	负拉偏	去 D－03B 的煤粉流量(－)－＞CS－02 料位(＋)	CS－02 锥部架桥；阀门 XV－02B 卡死无法打开或人为误关闭；DCS 故障，未能及时打开 XV－02B；伴热失效，导致管道内煤粉结块堵塞；阀门 XV－01B 堵塞或卡死无法打开，或平衡管线堵塞，导致 CS－02 与 D－03B 无法均压
去 D－03A 的煤粉流量	负拉偏	去 D－03A 的煤粉流量(－)－＞CS－02 料位(＋)	CS－02 锥部架桥；阀门 XV－02A 卡死无法打开或人为误关闭；DCS 故障，未能及时打开 XV－02A；伴热失效，导致管道内煤粉结块堵塞；阀门 XV－01A 堵塞或卡死无法打开，或平衡管线堵塞，导致 CS－02 与 D－03A 无法均压

对 D－03A 料位进行正拉偏，假设该值发生正偏离，得到的不利后果如下表：

变量名称	状态	演变路径	不利后果
D－03A 料位	正	D－03A 料位(＋)	罐内积灰过多，生产无法进行

导致D－03A料位发生正偏差的非正常原因、相关变量如下表：

变量名称	状态	演变路径	非正常原因
D－03A出口煤粉流量	负拉偏	D－03A出口煤粉流量（－）－>D－03A料位（＋）	LI－02A或LSA－02A故障，未能及时开启XV－03A；阀门XV－03A卡死不能打开或人为误关；D－03A锥部架桥；伴热系统故障，煤粉结块；加压氮气管道泄漏或阀门卡死无法打开，导致压力不足
去D－03A的煤粉流量	正拉偏	去D－03A的煤粉流量（＋）－>D－03A料位（＋）	阀门XV－02A卡死无法关闭或人为误开；LI－02A或LSA－02A故障，未能及时关闭XV－02A

对D－03A料位进行负拉偏，假设该值发生负偏离，得到的不利后果如下表：

变量名称	状态	演变路径	不利后果
D－03A料位	负	D－03A料位（－）	下游热气体回传，导致煤粉自燃

导致D－03A料位发生负偏差的非正常原因、相关变量如下表：

变量名称	状态	演变路径	非正常原因
D－03A料位	负拉偏	D－03A料位（－）	罐体长时间、持续泄漏
D－03A出口煤粉流量	正拉偏	D－03A出口煤粉流量（＋）－>D－03A料位（－）	DCS故障，未能及时关闭XV－03A；阀门XV－03A卡死不能关闭或人为误开
去D－03A的煤粉流量	负拉偏	去D－03A的煤粉流量（－）－>D－03A料位（－）	CS－02锥部架桥；阀门XV－02A卡死无法打开或人为误关闭；DCS故障，未能及时打开XV－02A；伴热失效，导致管道内煤粉结块堵塞；阀门XV－01A堵塞或卡死无法打开，或平衡管线堵塞，导致CS－02与D－03A无法均压

对D－03B料位进行正拉偏，假设该值发生正偏离，得到的不利后果如下表：

变量名称	状态	演变路径	不利后果
D－03B 料位	正	D－03B 料位(＋)	罐内积灰过多，生产无法进行

导致 D－03B 料位发生正偏差的非正常原因、相关变量如下表：

变量名称	状态	演变路径	非正常原因
去 D－03B 的煤粉流量	正拉偏	去 D－03B 的煤粉流量(＋)－>D－03B 料位(＋)	XV－02B 卡死不能关闭或人为误开；LI－02B 或 LSA－02B 故障，未能及时关闭 XV－02B
D－03B 出口煤粉流量	负拉偏	D－03B 出口煤粉流量(－)－>D－03B 料位(＋)	LI－02B 或 LSA－02B 故障，未能及时开启 XV－03B；阀门 XV－03B 卡死不能打开或人为误关；D－03B 锥部架桥；伴热系统故障，煤粉结块；加压氮气管道泄漏或阀门卡死无法打开，导致压力不足

对 D－03B 料位进行负拉偏，假设该值发生负偏离，得到的不利后果如下表：

变量名称	状态	演变路径	不利后果
D－03B 料位	负	D－03B 料位(－)	下游热气体回传，导致煤粉自燃

导致 D－03B 料位发生负偏差的非正常原因、相关变量如下表：

变量名称	状态	演变路径	非正常原因
去 D－03B 的煤粉流量	负拉偏	去 D－03B 的煤粉流量(－)－>D－03B 料位(－)	CS－02 锥部架桥；阀门 XV－02B 卡死无法打开或人为误关闭；DCS 故障，未能及时打开 XV－02B；伴热失效，导致管道内煤粉结块堵塞；阀门 XV－01B 堵塞或卡死无法打开，或平衡管线堵塞，导致 CS－02 与 D－03B 无法均压
D－03B 出口煤粉流量	正拉偏	D－03B 出口煤粉流量(＋)－>D－03B 料位(－)	DCS 故障，未能及时关闭 XV－03B；阀门 XV－03B 卡死不能关闭或人为误开
D－03B 料位	负拉偏	D－03B 料位(－)	罐体长时间持续泄漏

附录 2　釜式反应器系统传统 SDG－HAZOP 分析结果

对反应器液位进行正拉偏，假设该值发生正偏离，得到的不利后果如下表：

变量名称	状态	演变路径	不利后果
反应器液位	正	反应器液位（＋）	溢出

导致反应器液位发生正偏差的非正常原因、相关变量如下表：

变量名称	状态	演变路径	非正常原因
反应物出口流量	负拉偏	反应物出口流量（－）－＞反应器液位（＋）	泵 S5 故障；阀门 V9 卡死不能关闭或人为误关小
邻硝基氯苯下料流量	正拉偏	邻硝基氯苯下料流量（＋）－＞反应器液位（＋）	阀门 V5 误开大
二硫化碳下料流量	正拉偏	二硫化碳下料流量（＋）－＞反应器液位（＋）	阀门 V4 误开大
反应器液位	正拉偏	反应器液位（＋）	液位指示器故障

对反应器液位进行负拉偏，假设该值发生负偏离，得到的不利后果如下表：

变量名称	状态	演变路径	不利后果
反应器液位	负	反应器液位（－）	抽干，损坏泵设备

导致反应器液位发生负偏差的非正常原因、相关变量如下表：

变量名称	状态	演变路径	非正常原因
反应物出口流量	正拉偏	反应物出口流量（＋）－＞反应器液位（－）	阀门 V9 误开大
多硫化钠下料流量	负拉偏	多硫化钠下料流量（－）－＞反应器液位（－）	下料泵故障

续表

变量名称	状态	演变路径	非正常原因
邻硝基氯苯下料流量	负拉偏	邻硝基氯苯下料流量(－)－＞反应器液位(－)	阀门 V5 卡死不能关闭或人为误关小
二硫化碳下料流量	负拉偏	二硫化碳下料流量(－)－＞反应器液位(－)	阀门 V4 卡死不能关闭或人为误关小
反应器液位	负拉偏	反应器液位(－)	液位指示器故障

对气相压力进行正拉偏，假设该值发生正偏离，得到的不利后果如下表：

变量名称	状态	演变路径	不利后果
气相压力	正	气相压力(＋)	反应器受损严重，甚至爆炸

导致气相压力发生正偏差的非正常原因、相关变量如下表：

变量名称	状态	演变路径	非正常原因
夹套蒸汽流量	正拉偏	夹套蒸汽流量(＋)－＞反应温度(＋)－＞气相压力(＋)	S6 误开启
反应器夹套冷却水入口流量	负拉偏	反应器夹套冷却水入口流量(－)－＞反应温度(＋)－＞气相压力(＋)	V8 卡死无法关闭或人为误关小
反应器蛇管冷却水入口流量	负拉偏	反应器蛇管冷却水入口流量(－)－＞反应温度(＋)－＞气相压力(＋)	V7 卡死无法关闭或人为误关小

对反应器内主产物浓度进行负拉偏，假设该值发生负偏离，得到的不利后果如下表：

变量名称	状态	演变路径	不利后果
反应器内主产物浓度	负	反应器内主产物浓度(－)	产品产量低

导致反应器内主产物浓度发生负偏差的非正常原因、相关变量如下表：

变量名称	状态	演变路径	非正常原因
反应接触条件	负拉偏	反应接触条件(一)一>反应器内主产物浓度(一)	液相搅拌不充分
夹套蒸汽流量	负拉偏	夹套蒸汽流量(一)一>反应温度(一)一>主反应速率(一)一>反应器内主产物浓度(一)	S6 误关闭
反应器夹套冷却水入口流量	正拉偏	反应器夹套冷却水入口流量(十)一>反应温度(一)一>主反应速率(一)一>反应器内主产物浓度(一)	V8 误开大
反应器蛇管冷却水入口流量	正拉偏	反应器蛇管冷却水入口流量(十)一>反应温度(一)一>主反应速率(一)一>反应器内主产物浓度(一)	V7 误开大
副反应速率	正拉偏	副反应速率(十)一>反应器内主产物浓度(一)	温度控制不当